U0814693

心法

稻盛和夫的哲学

[日] 稻盛和夫 著
曹岫云 译

東方出版社

图书在版编目（CIP）数据

心法：稻盛和夫的哲学：口袋升级版 / (日) 稻盛和夫 著；曹岫云 译. — 北京：东方出版社，2018.7
ISBN 978-7-5060-8471-0

Ⅰ.①心… Ⅱ.①稻… ②曹… Ⅲ.①人生哲学—通俗读物 Ⅳ.①B821-49

中国版本图书馆CIP数据核字（2018）第091772号

INAMORI KAZUO NO TETSUGAKU
Copyright© 2001 by KYOCERA Corporation
First published in Japan in 2001 by PHP Institute, Inc.
Simplified Chinese translation rights arranged with PHP Institute, Inc.
through Beijing Hanhe Culture Communication Co., Ltd.

本书中文简体字版权由北京汉和文化传播有限公司代理
中文简体字版专有权属东方出版社
著作权合同登记号 图字：01-2014-7595号

心法：稻盛和夫的哲学（口袋升级版）
（XINFA: DAOSHENGHEFU DE ZHEXUE）

作　　者：［日］稻盛和夫
译　　者：曹岫云
责任编辑：贺　方
出　　版：东方出版社
发　　行：人民东方出版传媒有限公司
地　　址：北京市东城区朝阳门内大街166号
邮　　编：100010
印　　刷：鑫艺佳利（天津）印刷有限公司
版　　次：2018年7月第1版
印　　次：2022年10月第9次印刷
印　　数：73 001—81 000 册
开　　本：880毫米 × 1230毫米 1/64
印　　张：3.75
字　　数：96千字
书　　号：ISBN 978-7-5060-8471-0
定　　价：48.00元
发行电话：（010）85924663　85924644　85924641

版权所有，违者必究
如有印装质量问题，我社负责调换，请拨打电话：（010）85924602　85924603

心法

稻盛和夫的哲学

[日] 稻盛和夫 著
曹岫云 译

東方出版社

图书在版编目（CIP）数据

心法：稻盛和夫的哲学：口袋升级版 / (日) 稻盛和夫 著；曹岫云 译. — 北京：东方出版社，2018.7
ISBN 978-7-5060-8471-0

Ⅰ. ①心… Ⅱ. ①稻… ②曹… Ⅲ. ①人生哲学—通俗读物 Ⅳ. ①B821-49

中国版本图书馆CIP数据核字（2018）第091772号

INAMORI KAZUO NO TETSUGAKU
Copyright© 2001 by KYOCERA Corporation
First published in Japan in 2001 by PHP Institute, Inc.
Simplified Chinese translation rights arranged with PHP Institute, Inc.
through Beijing Hanhe Culture Communication Co., Ltd.

本书中文简体字版权由北京汉和文化传播有限公司代理
中文简体字版专有权属东方出版社
著作权合同登记号 图字：01-2014-7595号

心法：稻盛和夫的哲学（口袋升级版）
（XINFA: DAOSHENGHEFU DE ZHEXUE）

作　　者：［日］稻盛和夫
译　　者：曹岫云
责任编辑：贺　方
出　　版：东方出版社
发　　行：人民东方出版传媒有限公司
地　　址：北京市东城区朝阳门内大街166号
邮　　编：100010
印　　刷：鑫艺佳利（天津）印刷有限公司
版　　次：2018年7月第1版
印　　次：2022年10月第9次印刷
印　　数：73 001—81 000 册
开　　本：880毫米 × 1230毫米 1/64
印　　张：3.75
字　　数：96千字
书　　号：ISBN 978-7-5060-8471-0
定　　价：48.00元
发行电话：（010）85924663　85924644　85924641

版权所有，违者必究
如有印装质量问题，我社负责调换，请拨打电话：（010）85924602　85924603

推荐序　稻盛和夫的哲学

——正确指导人们一切言行的根本思想

新世纪初，由松下幸之助先生创立的PHP（PHP的意思是通过繁荣带来和平与幸福）研究所负责人江口克彦先生向稻盛和夫先生发出请求：

“当迎来新世纪之际，面对越发混沌的社会，你的思想应该作为哲学问世。”

据说稻盛先生独自在宾馆静思默想一星期，才构思了这本重要的著作。

出版社希望我重新翻译这本书。这本书的日文原著直接以《稻盛和夫的哲学》命名，顾名思义就是稻盛哲学的代表作。在多次阅读原著，并将原著和现有译本反复对照以后，我觉得对本书有重新翻译的必要。

科技进步、经济发展与人的精神道德的衰退，这是当今世界的一个尖锐而深刻的矛盾。这个矛盾不仅使人和人之间、集团和集团之间、国家与国家之间纷争不断，而且使人类失去了对自然的敬畏，人类在破坏自然的同时也破坏了人性。

在本书的序言中，稻盛先生自称是哲学的门外汉。

我曾经认真阅读过几本古今中外的哲学名著，却是似懂非懂，因而不免质疑自己的智商，感到自惭形秽。但稻盛哲学给我的感觉完全不同，这种哲学不仅通俗易懂，而且可以运用。这种哲学不仅催人奋进，而且它是指引个人、组织、社会乃至人类朝着善的、美好的方向前进的哲学。稻盛先生虽然出身是科学家，出名是企业家，但他本质上是一位哲学家，而且是一位彻底追求正确思考和正确行动的哲学家。

“人只为己，天诛地灭。”

我认为，稻盛先生“敬天爱人”的利他哲学才是正确指导人们一切言行的根本思想，才是企业乃至人类避免衰亡的正确的哲学。

新的论据是稻盛重建日航的卓越成功。

2010 年 2 月 1 日，航空业的门外汉、78 岁的稻盛和夫应日本政府的再三要求，出任破产重建的日本航空公司的董事长，仅仅一年，日航就创造了其 60 年历史上最高的 1884 亿日元的利润（按当时的汇率约合 140 亿元人民币，是日航历史纪录的两倍），这个利润在当年全世界 727 家航空公司中独占鳌头、遥遥领先。

第二年，即 2011 年 3 月 11 日，日本东北发生九级大地震，伴随大海啸，并造成了可怕的福岛核辐射危机，一时风声鹤唳，外国游客不去日本，日本国内的旅游业也一度停滞。就在这堪称国难的“三重灾难”的阴影中，日航却逆流勇进，这一年的销售额虽然有所减少，但利润是惊人的 2045 亿日元，利润率是 17%，是当年全世界航空业平均利润率的 17 倍，又创造了新的历史纪录。

不仅如此，2012 年 9 月 19 日，日航在宣布破产后仅仅 2 年零 7 个月就重新上市，又创造了一个新纪录。日本从20世纪60年代以来，有138家上市企业破产重建，重建成功的只有9家，平均花费15年，最短的也花了9年。

另外，日航破产时，日本政府注入资金3500亿日元，但上市后回收了6900个亿，这又是一个新的纪录。

还有，日航的准点率连续三年世界第一。

日航短时期内起死回生、大落大起，这个世界企业经营史上的经典案例，能够给予我们什么启示呢？

企业由于更换了领导人而重振旗鼓，甚至出现V字形转变的例子时有耳闻。新的领导人或者以强有力的手腕扫除积弊；或者开发了划时代的新技术新产品；或者创造了崭新的市场运作模式；或者在经营战略上屡出高招。不用说，这样的领导人都是行业内的尖子，具备出众的才华、充沛的精力以及燃烧的斗魂，其中有的人甚至堪称天才，比如美国苹果公司的乔布斯。

然而，稻盛拯救日航却是别开生面。

78岁高龄，十足的外行，零薪出任董事长，这三条首先就是闻所未闻。

接着宣布出任日航董事长的三条大义：为了保住留任的3.2万名日航员工的饭碗；为了给低迷的日本经济的重振助上一臂之力；为了保持航空业的竞争态势，让日本国民有选择航空公司的权利。这也是闻所未闻。

来到日航就明确揭示新生日航的经营理念，或者叫企业目的，就是“追求全体员工物质和精神两方面的幸福”。在这个基础之上，“为旅客提供最好的服务；提高企业自身价值，为社会的进步和发展做贡献”。这又是闻所未闻。

给日航干部上课，首先讲领导人应有的资质，要求大家以“作为人，何谓正确”作为判断和行动的基准，要求干部成为受到部下信任和尊敬的人。接着讲解“经营十二条”原理原则。这更是闻所未闻。

领导编制《日航哲学》四十条，用哲学来改变员工的意识；用阿米巴来改变日航的官僚型组织。这些都是闻所未闻。

而且这个过程几乎是“一气呵成”。巨型企

业日航不仅因此迅速恢复生机，并且形成了可持续发展的高收益的企业体质。

这样的结果出乎所有人的意料，不仅企业经营者，整个社会都不能不刮目相看。

稻盛哲学都是理所当然的“大白话”，分部门核算的阿米巴模式也不复杂。换言之，稻盛的成功模式可以复制，它不分行业，不分国界，不分时代，也不需要领导人有特殊的天赋。就是说，稻盛哲学具备普遍性，这一点极其重要。

事实上，包括中国在内，全世界正在认真学习和实践稻盛哲学的“盛和塾”的企业家人数已经超过9000名。这是人类企业经营历史上独一无二的现象。而且在这9000多家企业中，有不少企业已经在某种程度上成功复制了稻盛的模式。不过成功的条件是：领导人需要有“利他之心”，需要以身作则，全身心投入事业。

2013年3月末，稻盛先生谢绝日航的挽留，急流勇退，正式从日航引退，并笑称这是“好汉的美学”。

当年5月，我有幸应稻盛先生的邀请，同一

百多位“盛和塾”塾生一起，跟随稻盛先生赴巴西，参加“巴西盛和塾”成立20周年的“塾长例会”。5月9日在巴西，同稻盛先生一起用早餐时，我向稻盛先生提出了一个问题：

“现在日航重建成功了。但成功的原因众说纷纭，有人认为是稻盛先生个人的魅力；有人认为是稻盛哲学发挥了作用；有人认为分部门核算的阿米巴体制特别重要；当然也有人认为外部原因即国家的优惠政策最重要。就内部来说，企业盛衰最主要的原因究竟是领导人的威望，还是指导思想，还是体制结构？这三者中哪项最重要？”

领导人、哲学、体制三者当然密不可分，但三者中哪个最重要？不限于一个企业，对于国家层面而言，这也是一个争论不休的问题。

稻盛先生的回答稍稍出乎我的意料。他说：“主要是我让日航的干部员工们感动了。我已经80岁高龄，身为航空业的外行，不取一分报酬，没有私利，原来与日航也没有任何瓜葛，冒着‘玷污晚节’的风险，鞭策这把老骨头，全身全灵投入日航的重建。看到像他们的父亲、爷爷一样年龄的人，为了他们的幸福拼命工作的样子，日航的员工们感动了，他们觉得‘自己不更加努力可不行啊！’由于日航全体员工团结奋斗，不断改革改进，日航重建才获得了成功。”

就是说，领导人率先垂范，他创造和倡导的经营哲学和管理模式方才大显身手。

稻盛哲学成功拯救日航，这一事件中隐含着重大的意义。

首先，稻盛去日航后并没有传授什么“科学”的管理方法，日航更没有条件引进任何先进的技术设施、设备。

当时，日本舆论普遍认为，日航不仅巨额负债2.3万亿日元，而且日航“比衙门还要衙门”，内部四分五裂，工会有8个之多。日航已经病入膏肓，在这个官僚和工会纠缠的企业里，没有稻盛的用武之地，没有所谓稻盛哲学发挥作用的前提。派一个78岁的老人又是外行去重建日航，简直是乱弹琴！是“领导人选错了！”“日航二次破产必至！”

日本的社会精英们连篇累牍，但他们列举大

量事实所做的“科学的分析”，被现实击得粉碎。为什么？因为他们只懂所谓的“科学”，而不懂哲学是什么。

还在十多年前，在本书“关于科学”一章中，稻盛先生就指出：“现代社会，只重视科学，只习惯于用科学去解释事物。‘为了人类变得更好，为了创建更理想的社会，我们应该具备怎样的思维方式，应该建立什么样的哲学规范’，这么重大的问题却无人问津。把是否符合科学作为第一原则，仅仅局限在这一框架内思考问题，事实上是行不通的。”

稻盛先生认为，所谓“科学”，实际上，不过是针对物质文明而言的“科学”，而精神科学，即对于意识和心的研究，还远远不够。“科学还不能解释麻醉的机理。”“所谓发明、发现，只有在被证实以后才成为科学，在这以前，它属于哲学的范畴。”“即使已被科学证明的真理，随着科学的发展也可能被否定。因此所谓科学，不过是‘现阶段所认知的范围内的事实’。它既不可能正确地解释一切事物，也不代表唯一的真实。”

这个世界并不是“科学”二字所能概括，所谓“科学万能”，所谓“科学至上主义”，并不正确。原子弹也是科学，科学技术是一把锋利的双刃剑，同资本主义的市场经济一样，如果运用不当，如果没有明确的“哲学规范”、或者说正确的“道德规范”作前提，它可能让整个人类陷入万劫不复的境地。

而稻盛和夫的哲学就是这样的“规范”，稻盛先生就是实践这种规范的榜样。从这个意义上讲，稻盛先生代表了人类的良知和睿智。

如果我们细读手头的《心法：稻盛和夫的哲学》这本书，我们不但能够理解在日航发生的奇迹，而且我们可能会领悟到，稻盛哲学，从小处说是拯救日航的哲学，从大处说，它其实就是“拯救人类的哲学”。

在这本书中，稻盛先生对存在，对意识和意识体，对宇宙，对造物主，对科学，对欲望，对自由，对善恶，对因果，对宗教，对死亡等人生、社会和宇宙的重大命题，从哲学、科学、宗教三个角度交叉分析，精彩纷呈，耐人寻味。

2013年2月26日，稻盛先生在同我们开完北京公司的董事会会议后，招待我们用晚餐。席间，我请教稻盛先生这么一个问题：

“对人类社会、对推动人类文明发展，影响最大的是科学、哲学和宗教。稻盛先生是科学家出身；又基于科学实验发明的新材料、新产品创办了企业，成了著名的企业家；同时稻盛先生又是哲学家；还对宗教有很深的研究，65岁后皈依了佛门。在你看来，科学、哲学和宗教这三者之间是什么关系？”

稻盛先生的回答一针见血，他说：

“现在我们人类生活的这个文明社会，可以说都是由科学技术带来的。同时，资本主义的勃兴构筑了人类社会的繁荣。就是说，科学技术的发展创造了灿烂的文明，同时，作为社会的经济系统，资本主义发挥了它的功能，让人们可以过上富裕的生活。

“虽然科学技术不断发展构建了文明社会，但科学技术的发展有一个方向性的问题，就是说，科学技术是为了让人类幸福才去发展呢，还是单纯出于兴趣，因为稀奇稀罕才去研究呢？比如，人们发现了原子能，很有趣、很带劲，可以产生巨大的能量。如果是在谋求人类幸福这一哲学的基础之上，开发原子能当然很好，然而，如果与此目的背道而驰，朝着开发原子弹的方向发展，或许就会导致人类的破灭。

“同时，资本主义的经济体制营造了当今社会的繁荣。但是，在这个体制中，‘只要自己赚钱就好’的利己主义膨胀，正如在雷曼危机中表现出来的，那些强欲贪婪的资本家云集一起，为了自己的私利，为了少数头头、少数资本家个人发财暴富，不择手段，带来了世界性的灾难。现在中国也出现了这种倾向，这样下去贫富差异越来越悬殊，社会也将愈加混乱。

“因此，在资本主义的运营中，必须由哲学来指明方向，就是说，为了人类全体的幸福，个人要努力抑制自己的欲望。

“所以，无论科学技术的发展也好，资本主义经济的发展也好，汲取还是摒弃‘利他’这一思想哲学的元素，结果将会迥然不同。”

关于宗教，稻盛先生说，因为自小受到佛教思想的熏陶，就跟佛教有了缘分。如果自己小时候是受基督教的影响，或许后来就成了基督徒。

稻盛先生说道：“无论佛教也好，基督教也好，伊斯兰教也好，虽然各不相同，但它们倡导的真理本质上是相同的。然而，在宗教徒中，思想偏执的人非常之多，他们只拥戴自己的宗教，而排斥其他的宗教。本来，在拯救人类这一点上，各种宗教是相通的，但宗教之间的对立往往造成悲剧。另外，即使是佛教，在日本就有许多宗派，有净土真宗、禅宗等，都互相对立。释迦牟尼教导的真理只有一个，但一旦出现派阀，就会把派阀的利益放在前面，势必引起纷争。同样，伊斯兰教也有派阀的争斗；基督教也有许多分支，新教、旧教，争执不休。因为宗派林立，宗教根底处的真理反而被忽视，为了维护自己的宗派，人们变得狭隘和偏激。本来同根同宗，根本目的都一样，各种宗教理应和睦共处。之所以对立争斗，是那里的统治者变坏了。”

稻盛先生的解答直指事物的本质核心。

下面谈一谈稻盛哲学的四个特点和稻盛先生的五种身份。

同其他哲学相比，我认为稻盛哲学有如下四个明显的特点：

1. 简朴性：稻盛刚刚创业时，28 名员工中大多数是初中生。稻盛要用他们听得懂的语言给他们讲哲学，让他们理解、接受，并与他们一起实践。说到哲学，让人觉得是深奥抽象的学问，是少数学者专家的事，但稻盛善于用朴实的语言表达深刻的思想。稻盛哲学没有任何难懂的哲学术语，它深入浅出，却又有感动和召唤人心的力量。

2. 实践性：稻盛与以往的哲学家不同，因为他是科学家出身，年轻时就有重要的发明创造，而且 27 岁就创办企业。因为这种哲学来自于亲身的实践，包括开发新材料、新产品的科学实践和经营企业的实践，当然也包括生活实践。从实践中来的哲学，又要反过来指导经营实践，使事业获得巨大发展。而经营实践又使哲学不断丰富。这种从实践到理论，又从理论到实践的、紧密的、反复的循环，使实践和理论，经营和哲学达到了高度的平衡、完美的统一。

3. 道德性：就一般概念来说，哲学是哲学，道德是道德，两者虽有联系却分别属于不同的范畴。但稻盛哲学则把道德放进了哲学，以“作为人，何谓正确”，也就是以“利他之心”思考、判断和行动成了稻盛哲学的核心。这在其他哲学中是极为罕见的。

4. 辩证性：稻盛哲学强调兼备事物的两极，比如利己和利他、大善和小善、大胆与小心、慈悲心和斗争心、大家族主义和市场竞争主义等，又比如，经营者对员工既要关心爱护又要严格要求，两者要高位平衡。这是每天的工作中都面临的课题。

因为这四个特点，可以说，稻盛哲学最接近天理良知，最围绕实际，最触动人心，最具备普遍的适用性。

同时，稻盛先生集科学家、企业家、哲学家、宗教家、慈善家五家于一身，这个事实在哲学上意味深长。

稻盛先生25岁时就发明了“镁橄榄石”这一陶瓷领域内划时代的新材料，作为耐高频、高压、高温的优质绝缘材料，作为集成电路的基板，为推动电视机、电脑、手机等电子产品的发展立下了汗马功劳。他和他的团队创造了又一个“新石器时代”，在广泛的领域内都具备尖端的技术。

科学技术方面的发明创造，就是追究“对象事物内部蕴含的真理”。从这个意义上讲，稻盛先生必须是——而且事实上他也是——一个高度的现实主义者，或者说是一个高度的唯物主义者。

稻盛先生赤手空拳创建了京瓷和KDDI两家世界五百强企业，又以惊人的速度挽救了也曾是世界五百强之一的日航。另外，曾是他的“盛和塾”塾生的孙正义先生创办的“软银”也成了世界五百强之一。而且京瓷创办近五十五年来、KDDI创办近三十年来从未出现过一次亏损。

企业经营也是一个高度现实的领域。企业经营者必须不断对面临的经营课题做出正确的判断。不管过去多么辉煌，一旦在重大问题上判断失误，企业很可能瞬间化为乌有。稻盛先生是企业竞争中的常胜将军，稻盛先生信奉科学合理的思考方式，他创建了缜密的会计七原则和精致的阿米巴经营模式，而同时他又兼备关爱他人的慈悲之心和不惧任何困难的燃烧的斗魂，从这个意义上讲，用我们的话来说，稻盛先生不仅是“实事求是”的模范，而且是一位“无所畏惧的、彻底的唯物主义者”。

稻盛先生在拼命工作的同时还拼命思考。凡有触动他、打动他的事情，不管是好是坏，他都不会轻易放过，而会思考这些事情中包含的意义，并从正面将它揭示出来。稻盛先生喜欢深思熟虑，善于从复杂的现象中抓住事物的本质，善于将重要的思想用简明的语言表述出来。他将自己科学实验的经验、企业经营的经验以及人生经验提升到哲学的高度，再反过来指导工作、指导经营和人生，并取得了卓越的成功，发挥了所谓“意识对存在、理论对实践的巨大的反作用”。从这个意义上讲，稻盛先生又堪称是一位精通辩证唯物主义的哲学大师。

然而，稻盛先生又是一位宗教家。他在6岁时，曾接受过“隐蔽念佛”的净土宗僧人的教诲，七十多年来“感谢”二字随时随地脱口而出。

稻盛和夫13岁时患肺结核，在面临死神威胁的时候，他读到了《生命的实相》这本佛教色彩浓厚的书，懂得并相信了“我们内心描绘的事物，会通过现象在我们周围显现”，也就是“境由心造”、“相由心生”、“善念生善果，恶念结恶果”的因果法则。并把“为社会、为世人做贡献”作为“善念”的最高境界，终身实践。

65岁时，被圆福寺西片担雪长老的人格魅力所吸引，同时希望通过禅宗的修行进一步提升自己的心性，稻盛先生剃度出家，皈依佛门。

稻盛先生相信推动森罗万象生长发展的“宇宙的意志”（或称造物主，或称神佛，或称某种伟大之物）。相信宇宙的意志就是“利他”，就是“真善美”，这就是一切事物的本源。相信人生的价值就在于应顺“宇宙的意志”、为社会为世人做贡献。同时相信应顺“宇宙的意志”事业就能成功，人生就能幸福。

稻盛先生相信人的意识不仅是脑细胞作用的产物。他认为，相对于肉体而言，人还有精神，或称灵魂，又称“意识体”。稻盛先生说：“在宇宙的意志之上，加上过去世代造就的人格，再加进现世积累的经验，三者的综合，我称之为意识体。”而所谓死亡，只是肉体的消灭，而“意识体”将轮回转世。而人生在世的目的就是净化这个“意识体”，也就是磨炼灵魂，提升心性。

因为科学无法证实“意识体”的存在和它的轮回转世，所以在某些人眼中，这样的宗教信仰属于唯心主义。

稻盛先生还是一位慈善家。京瓷创业后第一年就盈利，从此开始，稻盛先生就带领全体员工捐钱救济穷人。京瓷公司上市后，稻盛先生又拿出自己绝大部分财产设立稻盛财团，创建“京都奖”（被称为亚洲的诺贝尔奖），从事各种慈善活动。而他个人的生活极其俭朴。

暂且将慈善家搁在一边，科学家、企业家、

哲学家、宗教家，这四个家在稻盛先生身上是如何统一和融合的呢？2013 年 10 月 13 日在四川成都，中央电视台经济频道主持人向稻盛先生提出了这个问题。这同时也是我的问题。

稻盛先生回答说：“或许我还没有达到统一、融合的境界。我学习哲学，学了一点宗教，作为研究员开展研究，作为技术员开发新技术，作为经营者从事企业经营，所有这些，我想可以集中到一点，我刚才已经讲过，我年轻时，在从事研究的时候，实验中出现的现象会告诉我些什么呢？如果想要看透现象中蕴含的真实、真理，那么，不把自己的心放空，自己的心灵不处于纯净的状态，实验中的现象就不肯告诉我真理。以这样的经验为基础，我开始建立自己的哲学。我认为，作为研究员、作为技术员追求真理，同追求哲学的真理、同通过宗教修行追求真理，没有任何区别，都可以归结到相同的一点。说这些，似乎我很了不起，其实不管在哪个领域，我都没有达至顶点，但是我意识到了，一切事物都可以归结到一点。这是根本性的真理。”

科学实验和企业经营都要求“实事求是”。“实事”是指客观存在的事实或现象，所谓“是”就是事实或现象中包含的真理、真相或叫规律。“求”就是去追求。但能不能“求”到这个“是”，却与追求者的心是否纯粹有关。“心纯见真”——所有科学家、企业家、哲学家乃至高僧大德的成功都可以归结到这一点，这是根本性的真理。

认识事物的主体是人的心，强烈的利己欲望会扭曲人心，那么真相在他心中也是扭曲的。就是说，他看不见真相，甚至不愿正视真相。这样的人难以成功，特别是难以持续成功。

稻盛先生谦虚地说：“在哪个领域，我都没有达至顶点。”但是像稻盛先生一样，意识到“心纯才能见真”这一根本性真理，并付诸实践，在科学、经营、哲学和宗教修行几方面，全都成效卓著的人，古今中外能有几位？

稻盛和夫（北京）管理顾问有限公司董事长　曹岫云

2014 年 1 月 28 日

自　序

第二次世界大战之后，为了重建荒废的日本，为了度过幸福的人生，我们全体国民一起拼命工作，终于让日本成了世界第二经济大国，人们的愿望似乎已经实现了。然而，尽管物质上的富裕生活已经实现，但仍然有许多人感觉不满，心怀不安。

我认为，原因在于人们没有认真思考自己应有的生活方式和思维方式，忘记了“知足”，忘记了关爱他人，采取了利己主义的人生态度。

现在，我们最需要的是：直面“人为什么而活着”这一根本性的问题，确立做人的最基本的哲学，确立正确的人生观。

作为对二战前思想管制的一种逆反，人们普遍认为持有何种思想观念是自己的自由。几乎没有人教育过我们作为人应该具备的正确的思维方式和人生态度。

因此，大家都认为，抱着何种人生观去生活乃是自己的自由，自己的人生不希望受到任何人的干预，就想按照自己的想法去度过。诚然，现在是自由的社会，想拥有何种思维方式确实是个人的自由，这一点应该予以尊重。

但是，由于人生观不同、思维方式不同，因而人生的结果也会大相径庭，这个事实我们也必须理解。有人厌恶劳动、怕苦怕累，想过一个轻松潇洒的人生；有人怨天尤人、满腹牢骚，还有人胸怀远大的目标，以积极开朗的态度朝着这目标努力奋斗，不屈不挠。这些人之间，会产生巨大的差距。

秉持哪种思维方式度过人生属于个人的自由，但由于思维方式不同，人生也将迥然不同，换句话说，想要度过一个幸福美满的人生，就需要有与之相适应的思维方式。那么这样的思维方式究竟是什么呢？我们必须知晓。

包括青少年在内，人们都希望真挚地度过自

己的人生。尽管我的思维方式只是来自于自己浅薄的经验，但如果能够对大家有所启示的话，那是很有意义的事。正当我这么想的时候，正好接到了 PHP 研究所副所长江口克彦先生的邀请，他建议说："当迎来新世纪之际，面对越发混沌的社会，你的思想应该作为哲学问世。"在接受他强烈的劝说下，经再三思考推敲，总结归纳，我写成了这本书。

对于哲学，我不过是个门外汉，本书只是我作为经营者的个人见解。本书的初衷只是希望大家能够度过各自精彩的人生。在这个纷乱的时代，许多人都在努力摸索正确的人生道路，我衷心期待本书能够助他们一臂之力。本书的出版，得到了 PHP 研究所的吉野隆雄先生、中泽直树先生以及京瓷秘书室的大田嘉仁先生、粕谷昌志先生的大力帮助，在此表示诚挚的感谢。

京瓷名誉会长　稻盛和夫

2001 年 10 月

目录

第一章

关于人的存在和生命的价值

“人的存在有价值吗?”“人生于世，意义何在?”当有人提出这类有关“人”的本质的问题时，我会做如下回答：

“地球上……不！整个宇宙间存在的一切，都是因为具备存在的必要性而存在着。无论多么微小的东西，都是必要的。人类自不必说，森罗万象、一切事物都有存在的理由。哪怕是生长在路旁的一株杂草，滚落在街边的一粒石子，也因为具有存在的必然性而存在着。不管如何渺小的存在，如果它消失了，这个地球乃至宇宙就无法成立。因此，存在本身就具有巨大的意义。”

这种说法不单是抽象的观念，在科学的世界里也获得了证明。这就是“能量守恒定律”，就是构成宇宙的能量的总和既不增加也不减少，而是恒定不变的。

比如，我们燃烧一个物体，看起来它似乎消失了，实际上只是变成了气体、燃烧后的残留物以及热量，其能量的总和仍保持不变。就是说，它并非消失，而是在能量的总和恒常不变的前提下，转换了它的模样、形态而已。

因为能量的总和不变，所以无生物也罢，微小的物质也罢，它们全都是构成宇宙的不可或缺的元素。比如，被奔驰的卡车弹进路边沟壑的石块，对于浩瀚的宇宙而言，也有其存在的价值。

缺失了哪怕数百兆分之一克的微量物质，宇宙的平衡也会因此而被打破。所以没有不必要的存在，既然存在，就是构成宇宙的必要之物，或者说，是必然性的存在。

从这个意义上讲，无论多么微不足道的东西，都不能说不必要。反过来说，世上没有多余的东西。缺少了任何东西都会破坏宇宙的平衡。

同时，宇宙中的所谓存在，并不是某种东西可以孤立存在，所有一切都在相互关联中存在。进一步说，因为其他东西的存在才有自己的存在，因为自己的存在才有其他东西的存在。一切都在相互关系中存在，都是相辅相存。

释迦牟尼把这种现象称为“因缘而生”。释迦牟尼因打开了心眼而达到了开悟的境界，获得了真正的智慧，洞悉了宇宙的真相，所以他才会说出这样的话。现在利用最先进的科学才能解释的宇宙观，释迦牟尼早在2500年之前就已经看透了，领悟了。

一切存在绝非偶然，都因必要而存在。我们降生于世，生存于世，都是必然。存在本身就有价值。

但是，人的价值不仅仅是存在，具备智慧，具备理性，具备心性，因而人被称为“万物之灵”。人是地球上进化程度最高的生物，人应该具备超越存在的伟大价值。

我认为，这种价值就在于人能够为社会、为世人做出贡献。

就是说，从浩瀚的宇宙看来，哪怕无所作

为，但只要是存在就有价值，但人具备意识，能够思考，可以磨炼自己，可以创造比其他存在更为重大的价值，而这种价值就在于能够为社会、为世人做贡献。

积极主动地为地球、为人类社会做贡献，有这种愿望，能够为实现这种愿望而努力，这样的可能性，只有人才会具备。

然而，人类却企图征服自然，想要践踏地球上的其他生命，想要统治别的民族，一味地争斗讨伐，在这种情况下，有智慧、有知识、有心性、能思考的人类将成为地球上最恐怖的存在。

人如果仅仅是存在，对宇宙而言仍属必要。但如果心怀邪恶，那么，人就会加害于宇宙。所以人具备两面性。为了发挥作为人应有的正面价值，人的心性、思维、智慧、理性这些精神要素的品质好坏就成了关键。

让我们转换一下视角，思考这样一个问题，就是一个具体的人的诞生究竟是偶然的还是必然的？把这个问题讨论清楚了，我想人存在的价值也就明白了。

比如，稻盛和夫这个人降生于世、存在于此，这是偶然的还是必然的呢？

这又是一个困难的问题。例如 A 这个父亲和 B 这个母亲结合生下了 C 这个孩子。母亲 B 排出的卵子与父亲 A 排出的精子配对组合可能的数量，大得令人发昏，但只有其中一对结合诞生了 C。从现代人的理性看来，这纯属偶然。

从结果来说似乎属于偶然，但是，我却认为，C 这个人是该生才生的，应该这么考虑才对。我很清楚，我这种说法一定会被贬斥为“荒唐无稽”。但是，如果一个人的出生、生存仅仅是偶然的产物，那么作为万物之灵的人的价值就会变得一文不值。

如果“只是偶尔被生了下来”，那么“生也好、不生也好，都无所谓”。我想这是不对的，人应该更有价值才对。

如果做一个假设，就是人的价值不高，即便不高，但若我们把人的出生认定为“必然”，那么，我们就会产生提升我们人生价值的愿望。“出生乃是必然”、“天生我才必有用”，抱这样的观点，人生的意义、使命、热情等才会萌生出来。我认为，这样的思考非常重要。

如果对这种哲学性的问题，硬要用所谓的科学的方法来剖析，下一个简单粗暴的结论，那就会导致蔑视他人价值的胡作非为。

第二章

关于宇宙

不仅人，甚至一草一木，对于宇宙而言，都是有价值的存在。如果认同这一点，那么给这种存在带来必要性的“宇宙又是什么呢?”就这个问题，我谈一下自己的看法。

我生于现代，又是理工科出身，所以为了让自己信服，凡事我都尽力采用以科学的合理性为基轴的思考方法。

现代物理学认为，宇宙的形成开始于 150 亿年前基本粒子团块的大爆炸，这次大爆炸被称为“Big Bang”。一小撮拳头大小的超高温、超高压状态下的基本粒子的团块，在大爆炸以后不断膨胀，变成了现在的宇宙。

仅仅一个地球的质量已经是异常巨大了，然而太阳的质量竟是它的 33 万倍，以太阳为中心构成了太阳系。另外，与太阳一样的恒星有 1000 亿个，分布在银河系中。而规模上可与银河系匹敌的银河，在茫茫宇宙中更是不计其数。超乎想象的、巨大无比质量的存在，遍布在浩渺的宇宙之中。但是，在初始阶段，它不过是手可盈握的一小块基本粒子而已。而且这个宇宙现在还在继续膨胀，不断伸展。

形成宇宙本源的基本粒子，据说现在已有几十种之多，但是，在物理学领域内，人们认为应该能够将它们归结为某种终极的基本粒子。这样的研究还在继续进行。

这种基本粒子结合形成的最初的原子就是氢原子。太阳主要就是氢原子的团块，由于氢原子的核聚变，燃烧产生光和热。在宇宙中以氢原子为主体的星球不可胜数。

在宇宙大爆炸时，数个基本粒子结合成质子，另有数个基本粒子结合成中子，还有数个基本粒子结合成介子。由于介子的作用，质子和中子结合形成了最初的原子核，在这个原子核的周边还有另一种基本粒子即电子围绕，这就生成了氢原子这种最初始的原子。

然后，这些氢原子的原子核互相结合引起

核聚变反应，因而生成氦原子。这种核聚变接二连三反复进行，由此产生质量更大的原子，产生了现在元素周期表上各种各样的元素，构成了现在的宇宙。现代物理学就是这么解释的。

这一宇宙形成的过程，我想可以称之为“进化”。

说到“进化”，一般都会想到达尔文所主张的以生物为对象的“进化论”。至于无生物的进化，从来没人提及过。而且一般人都认为无生物是不会变化的。但是，正如前面所述，可以认为，初期的宇宙，曾发生过剧烈的“无生物的进化”。

那么，究竟为什么会发生这样的进化呢？经过大爆炸，基本粒子不再保持它基本粒子的原状，而是结合而成质子、中子、介子，这是为什么？这些粒子又为什么结合成原子核？而它的周围又为什么非得有一个电子围绕而形成氢原子？氢原子又为什么发生核聚变而生成氦原子，然后生出各种各样的元素呢？

对于这些问题，有一种意见认为："宇宙间存在着这样的法则。"换句话说，从科学的观点看来，存在着一种"宇宙的法则"，宇宙遵照这种法则生成发展。

但是，我的理解是：与其说宇宙存在这样的法则，不如说宇宙间有一种潮流，它让森罗万象、一切事物不是维持现状，而是朝着生成发展的方向不断运动，也就是促使一切事物不断进化。换言之，比起"无机物的法则"这一说法，不如认为宇宙间存在着一种"意志"，即促使万事万物生长发展、促进其进化的"意志"。我认为这样的说法更好。

为了便于更多人理解，我用"拟人法"加以描述，如果有读者不喜欢这种叙述方式，也可以采用"宇宙的法则"这一说法。

本来只有基本粒子的宇宙，经大爆炸之后产生了各种原子，原子结合成分子，分子演变成各种无机物。接着，孕育生命的生物诞生了，一直进化到人类这种高级动物，由这一切构成了现在的宇宙。我的理解是：无机物的进化、生物的进化，宇宙间一切事物的进化，都是在促使万事万物生长、发展、进化的宇宙的法则、宇宙的意志的作用下完成的。

这种法则，这种意志促成进化，在进化过程中，基本粒子聚合成原子、分子、高分子，生成蛋白质，由此构成DNA，诞生生命。生命诞生之后，进化依然持续，永不停歇。

就是这样，促使一切事物都朝着发展的方向前进，这种宇宙的意志存在于我们生物之中，同样也存在于石块之中。换言之，宇宙的意志乃是一切事物的本源。

开悟的圣人用“宇宙间遍布着爱”来表达这层意思。也就是说，一草一木，路边的石块，一切的事物中都存在着“爱”——宇宙的意志。

释迦牟尼的说法是“佛宿于万物”。

所谓佛，就是开悟的状态。换句话说，就是真智、真如、真我的状态。这种真正的智慧的根源，寄宿于万事万物之中。天台宗的教义中用“山川草木悉皆成佛”这句话说明，山也好、河也好、草也好、树也好，所有一切都内含佛性。

伊斯兰哲学的权威、已故井筒俊彦先生通过冥想接近了开悟的境地。他这样描绘他的心境："自己的意识全都消失了，只剩下自己依然存在的感觉。于是，凭直觉，我感觉到森罗万象、一切事物也都不过是由存在构成而已，同样，我也不过是一种存在。"

就是说，随着意识进入精妙的境界，五官的意识以及其他所有意识全都消失了，但又不是睡眠的状态，在十分清晰的意识之中。自己的"存在"以及所有一切事物都只是由"存在"构成。井筒先生从感觉上明白了这一点。我认为，构成一切事物的"只能称之为存在的东西"，这就是宇宙的意志。

这个宇宙的意志，毋庸置疑，我们每个人都具备。而且它也同死亡相关。

现在，对死亡有三种定义：呼吸停止死亡、心脏停止死亡、脑活动停止死亡。但无论哪一种死亡，都是肉体消灭这层意义上的死亡。

然而，即便肉体消灭，宇宙的意志这一“存在”的基础不会随之消灭。我相信，既然宇宙的意志是“存在”的核心，那么，肉体的死亡并不意味着人真正的死亡。

第三章

关于意识

“精神医学”这一领域出现以后，“意识”这个概念才开始被医学界所认知。但是，在这以前，关于“心”的研究，只限于心理学范围之内，并没有进入医学的范畴。

比如，现在大家都认为精神压力是导致胃溃疡发生的重要原因之一。但过去人们却认为“仅仅因为担心就会出现胃穿孔，这是根本不可能的”。然而，现在的医学界多数人都承认了精神压力是胃溃疡的原因。这正是因为医学界的常识发生了变化。

实际上，即使没达到胃溃疡的程度，但因担心焦虑致使胃部隐隐作痛，这是许多人都有的体验吧。甚至有人说，因为压力过大，仅仅一周，胃上就开了个孔洞。

胃壁是人的内脏器官中最强韧的部位，它能承受强烈的胃酸侵蚀。如此坚韧的胃部，却仅仅因为“担心”而遭到破坏。这是为什么呢？因为“担心”这一意识使得形成胃壁的细胞对胃酸的抵抗力变弱，在强烈的胃酸也就是盐酸的作用下细胞遭到破坏。就是说，“意识”可以破坏细胞本身，这个说法一点也不错。

据说，被称为“经营之神”的松下幸之助先生曾经因为担心经营上的问题，而导致“血尿”。因此，不限于胃部，我们人身上多达几十亿个的细胞，都会在我们“意识”的作用之下，或者活跃起来，或者衰弱下去。虽然肉眼看不见，但是“意识”对于人的健康影响极大。所以听说有一种医疗方法，就是通过改变意识，使病弱者能够提高自己身体内部的免疫力，从而促进健康。

所谓“科学”，已经成了现代社会判断事物的正确的基准。但实际上，这不过是针对物质文明而言的“科学”，而精神科学，即对于意识和心的研究，还远远不够，还没有建立起人们普遍认可的判断基准。经常有人对我说：“稻盛先生，你老讲意识，那是不科学的，不符合常识的。”

那么，科学和意识真的毫不相关吗？不对。“现在的科学全都是意识的产物”，有人在书中这么强调。比如，正因为有了“希望在天空中飞翔”这样的念头，才导致“意识”跃动，促使人不断钻研改进，结果就发明了飞机。这样说来，科学在开始的时候就是一种意识。

我的观点与此相同。我认为，创造物质文明、创造科学的，原本就是意识。已故的京都大学名誉教授田中美知太郎先生，是二战以后日本最具代表性的哲学家。他说：“所谓发明、发现，只有在被证实以后才成为科学，在这以前，它属于哲学的范畴。”例如，伽利略提出“地动说”时，遭到了当时基督教社会的强烈反对。但伽利略却说：“即使反对，地球照样在转动。”就是说，地球转动这个事实在被证明之前，它只是某些人所持有的哲学、信仰而已。所以，一切都起源于“心的作用”，一切都是从意识开始。所以，“意识”这个东西极为重要。

那么，所谓“意识”，究竟是什么呢？

从大脑生理学的角度讲，意识也好、意志也好、思维也好，都由脑细胞的作用产生出来。但是，我认为，不仅如此，它还包括与生俱来的意识和意志，那是人在刚刚出生时就已经具备的东西。

我虽然这么说，却无法确切地予以证明。但是我们观察小孩的发育过程，有时会发生不可思议的事情。从生物学上，随着孩子的成长和脑细胞的发达，孩子开始有了智慧，能够开口说话了。但刚刚学会说话之际，他们突然会说出一些父母和周围的大人们从没有教过他们的话。“三岁左右的小孩，怎么会那么少年老成？”父母很惊讶。这样的现象并不少见。

我的解释可能会被认为“不科学”。但我的推测是：小孩除了有脑细胞的发育而产生的意识以及有经过学习而获得的知识之外，还有小孩“原本就有的东西”。后者让小孩说出了让大人惊奇的话。

通常，我们因为脑细胞的作用而动嘴说话，但偶尔也会因为“原本就有的东西”刺激脑细胞，而让话语脱口而出。我想这种情况也应该存在。

那么，所谓“原本就有的东西”又是什么呢？前文中已经谈到，我认为在人类的根源中存在着宇宙的意志。在这种意 志的作用下，会发生“轮回转生”。人们在过去世代经验过的意识会被承袭下来，这就是所谓“原本就有的东西”。

现世积累的经验、知识，作为意识被继承，寄宿于 A 和 B 这一对父母的精子和卵子结合而成的生命之中。这种意识深藏不露，不会轻易表现出来。但是，由于某种契机，它又会像间歇泉一样时而喷涌而出。小孩讲出没人教过的话，我想这种现象的发生，原因就在于此。

如果是这样，那么“良心谴责”、“良心发现”这种说法也能得到解释。人在现世从生到死积累了经验，而脑细胞对这些经验做出反应，人才有了喜怒哀乐的行为。

与此相对应，从过去世代积累的“原本就有的东西”——在这里，也可以认为是从过去世代继承来的人格——会发出异议：“喂，你这么做不对啊！”于是脑细胞中的意识就会做出反省：“啊！是错了！”这就是我们平时所说的“良心谴责”、“良心发现”。

在宇宙的意志之上，加上过去世代造就的人格，再加进现世积累的经验，三者的综合，我将称之为“意识体”。“意识体”在肉体灭亡——一般称之为“死”——的时候，从肉体中脱离出来。

在迎来死亡的时候，如果有人问我“你在现世干了什么？”我该怎么回答呢？“我创办了京瓷，把它做成了一个大企业。”这样的答案对于意识体而言没有任何价值，因为肉体已不复存在，哪怕拥有几千亿的财产又有什么意义呢？

那么，有价值的东西是什么呢？就是人生在世时所塑造的人格、人性、灵魂、意识体。

它不会随着肉体的消亡而消失。“你一生努力不懈，不断提升自己，以至拥有了如此高尚的人格。”我认为，这样的评价才是人生的价值所在。就是说，我们活在现世的目的就是提升自己的人格。

“提升人格”这句话用别的词汇表达的话，可以是“纯化心灵”、“美化心灵”、“塑造丰裕的同情体谅之心”等，但我认为最贴切的表达就是“提高心性”。

这样，人生就可以用一句话表达，人生就是“提高心性的过程”。因此，不管事业成功还是失败，不管人患病还是健康，所有的一切，后面还会详细阐述，都是创造宇宙的造物主为了提高我们的心性而赐予我们的修炼的场所——佛教称为修行的道场——如此而已。我们在现世的一切体验，都是宇宙造物主为了塑造我们的人格，变着手法，给予我们的考验和锤炼而已。

比如，对于开始创业的人来说，最大的期待莫过于事业走上轨道，公司不断壮大。那么，如果事业失败、公司倒闭，他就是人生的败者吗？我认为不是。失败乃是造物主为了提升他的心性而给予他的严酷考验，看他能不能在痛苦的深渊中再度崛起。

有的人经受不住这种考验，被失败和痛苦所压倒，精神崩溃；或者自暴自弃，甚至靠偷盗他人的财物借以苟延残喘；有人甚至走向极端，以自杀告终。但也有人从正面接受失败的悲剧，更加努力，不懈奋斗，由此提升了自己的人格。

不仅失败是考验，其实成功也是一种考验。造物主故意让你成功，借以测试你的人格。

成功了就得意忘形、傲慢不逊，这种人因成功而堕落，俗不可耐。另一种人却领悟到成功并不是只靠自己个人的力量，因而更加努力，在这过程中继续提升自己的人格。

成功也好，失败也好，都是宇宙的造物主给予的考验，造物主正在注视着你，看你如何应对这些考验。不管成败，都能凭借造物主提供的考验机会塑造自己美好心灵的人，这才是真正的胜者。相反，经不住这种考验的人就是败者。

美国著名的残障教育家海伦·凯勒背负着“失明、失聪、失语”三重苦难，一般说她如果怨恨父母、怨恨命运甚至怨恨上帝也不为过。与她相同境遇的人，或许会悲叹：“我不曾做过坏事，为什么单单让我遭此不幸？”他们诅咒周围的一切，以致含恨而终。

但是，海伦·凯勒却毫无怨恨，不仅如此，她还以无比顽强的毅力克服了难以想象的困难，她怀着大爱去帮助比自己更为不幸的人们，她塑造了自己伟大的人格。

宇宙的造物主给人各种各样的考验，看他怎样接受考验，怎样提升心性，怎样纯化灵魂。这样看来，人生确实就是为了修炼心灵而建立的道场。

释迦牟尼用“诸行无常”这句话来描述人生。一切事物都是无常的，千变万化的，新的考验会不断地降临。因此，释迦牟尼说“人生即苦”。

释迦牟尼所说的“苦”，正如前面提到的，它不仅指失败和苦难，也包括了成功。所以，从某种意义上讲，成功也是一种苦难。人们应该做出努力，将这种类型的苦难朝着好的方向转变。不理解这个道理，成功而不知足，依然在欲望的泥潭中沉迷挣扎，那才是真正的不幸呢。

第四章

关于造物主

给予我们试练考验的造物主，许多人都称之为“神”。在日本的神话中，包括国家在内，所有一切都由神创造。

如果只能用“神”来称呼造物主的话，我想那也未尝不可。但是，世界上所有一切都是由一位全知全能的神所创造，这个说法，现代人恐怕很难接受。

于是，有人提出“某种伟大之物”。这一表述与我们常使用的“神”——特定的神——意思有所不同。“究竟是什么虽然搞不清，但肯定是伟大的存在”，而且这个“伟大的存在”创造了宇宙。

提出“某种伟大之物”的人是一位获得诺贝尔奖的科学家。当然，他属于科学家中的少数派。“做这样的假设本身就不科学”，对“某种伟大之物”持否定态度的科学家占多数，这是事实。但是，如果没有“某种伟大之物”的存在，就无法说明包括我们在内的宇宙的存在。

如此浩瀚的大宇宙既然已经形成，那么，创造它的某种伟大之物的“存在”，这一点应该肯定。否则，这个世界的形成和它的结构就无从解释。如果否定这种存在，只相信科学能够证实的物质性的东西，那么，一切都会变得不可思议、难以理喻。

不过，我称之为“造物主”、有人称之为“某种伟大之物”、有人称之为“神”的东西，或许真的属于不可知的领域。

宇宙已经形成，这是俨然存在的事实。我们可以理解到，会有某种伟大的力量创造了它。然而，创造了宇宙的造物主究竟在哪里？它是何方神圣？我们却不得而知，无法理解。我想不妨这么思考就行了。

打个比方，如果把人的身体比作整个宇宙，那么地球就是身体上的一个细胞，而人类只是这个细胞中的一个微量元素。如果要人类理解宇宙，就好比让细胞中的一个微量元素去理解整个身体，那是极其困难的。

现在，人们用望远镜观测天体，拼命探知宇宙的全貌。但是，纵然了解了宇宙的整体，创造了宇宙的造物主为何物，依然无法理解。至少在当下，我们连宇宙的全貌还没有弄明白，所以人要理解神，理解造物主是不可能的。所以，如果把“某种伟大之物”、“全知全能的神”这样的概念放在一边，不承认它的存在的话，那么，就连宇宙本身也无法说明。

造物主创造了宇宙，人在这宇宙中诞生。如果是这样，那么，我们就会问：“既然造物主是绝对的存在，那它是否控制操纵了一切呢？”比如，我们在思考某一事物时，是我们自己在思考呢？还是宇宙的意志让我们思考的呢？

对于这个问题，我认为，理解为“是自己在思考”较好。

造物主只是给了我们最初始的意志。所谓最初始的意志就是“万事万物都朝着幸福美好的方向进化发展”这样一种意志。

千变万化、一切无常，这就是宇宙的真相。在波澜万丈的世界上，A这个人偶尔遭遇了X这件事，B这个人碰巧遭遇了Y这件事。这种遭遇，并非造物主的有意安排，“要让X事件加在A身上，将Y事件加在B身上”，而是随机现象。

可以把遍布于世的宇宙的意志称为“爱”。造物主以伟大的爱包容一切。而同时，造物主还给予了我们“自由”。

造物主并不是高高在上，控制操纵了一切，它只给了人最根本的东西——灵魂中最核心的东西。然后，就给予我们自由，我们可以自由行动。

这个“自由”对人而言极为重要。这个“自由”包括做好事的自由和做坏事的自由。

我们在自由行动时，行动的指令由脑细胞发出，此时，最初可能发出的指令，就是释迦牟尼所说的“烦恼”。

所谓“烦恼”，就是为了守护自己的肉体

所必需的欲望、本能。

随着生命的诞生和进化，为了生存，为了维护自己的肉体，需要具备自我防卫的本能。其中之一，就是人会有欲望。为了维持生命的食欲，为了繁衍子孙的性欲，都是欲望。同时，因为人具备自由，所以就可以为满足欲望而采取行动。

当然，欲望中包含着重要的、积极的意义。如果大家都像印度的圣雄甘地一样，“即使杀了我也行”，彻底实行这种不抵抗主义的话，人类将会毁灭。

为了保护自己的生命和肉体乃至种族，别人吃一碗饭，自己要吃三碗，以求更为强壮。要娶妻，要多生子女，这类欲望都为生存所必需。

因此，人因为拥有肉体，就想以自我为重，就有保护自己的欲望，不管造物主如何考虑，人都会按自己的欲望自由行动。

换言之，造物主用爱包容一切，让万物都朝更好的方向进化发展。当然，宇宙整体也正在朝着好的方向进化。但是，因为有自由，因为拥有肉体，人也可能为所欲为，朝着坏的方向发展。

但是，不能因此悲叹“毫无办法”而选择放弃。因为人还有一种自由，就是让自己朝着造物主要求的方向前进。而这么去做就是“提高心性”。

但是，环顾四周，人们却忘却了这一条，只是一味地追逐欲望。已是丰衣足食的时代，物质文明已如此发达，人们却依然不知餍足。为什么呢？因为欲望越发膨胀了。

因为具备自由，所以人类可以无限地追求欲望，但是，这不仅对宇宙无益，而且对自己也有害。而更要紧的是，这样下去将会破坏地球。考虑到地球环境，人类应该适可而止，抑制对欲望的追求，与地球上其他动植物共生共荣，除此之外，人类将无路可走。也就是说，人类要懂得知足，要抑制欲望的膨胀。

这就是“睿智”。这种睿智本来就包含在造物主给予我们的“爱”之中。许多认真修行的宗教家们也领悟到了这种睿智。同时，通过对地球环境问题的研究考察，体会到这种睿智的人正在增加。对人类而言，这是可喜的现象。

第五章

关于欲望

有人说："人有原罪。"这与"人是最有价值的存在"似乎相矛盾，但绝非如此。

佛教认为，罪行的根源在于烦恼，其中六大烦恼分别是："贪""嗔""痴""慢""疑""见"。

首先是"贪"，就是一切都想据为己有的贪婪之心；所谓"嗔"，就是不管他人的感受，我行我素，稍不如意就发火动怒的浅薄之心；所谓"痴"，就是把变化无常的世界看作一成不变，当自己的幻想破灭时就发牢骚、鸣不平，对佛的智慧一窍不通的愚痴之心；所谓"慢"，就是傲慢不逊之心；所谓"疑"，就是对释迦牟尼宣导的真理抱有的怀疑之心；所谓"见"，就是总从负面看待事物之心。这六大烦恼中尤以"贪""嗔""痴"是人间烦恼之根源，称之为"三毒"。

释迦牟尼所说的六大烦恼原本是人生存之必需，缺乏它们，人就不能维护自己的肉体。

例如“疑”，就是多疑，疑心大。换言之就是“小心谨慎”。原始时代，缺乏尖牙利爪的人类为了在丛林中生存，需要警觉，需要小心从事，以防患于未然。这是极其重要的。

还有，有食物时就要吃足，因为下次不知何时才能捕到猎物，运气不好就可能饿上十天半月。因此，不但要吃今天的份额，最好把明天的也一齐吞下。这就是所谓“贪”，也是一种自我保护的本能。

可以说，烦恼原本是造物主赐予人类的智慧，为的是让具备肉体的人类能够维持生存。但在这烦恼之上，造物主又给了人类自由。这两者相加，人类就可能作恶。

因为是自由，就可以任意发挥，百分之百自作主张，“干什么都无需顾忌”，任凭本能和欲望驱使，胡作非为——人具备这样的可能性。如果无节制地使用自由，就会成为“失控的、无法驾驭的人”。放任欲望的自由行动就是造恶。

因此，必须适当地抑制自由以免造恶。佛教称之为“持戒”。除此之外，还有“布施”，就是帮助他人，这也是释迦牟尼所倡导的。这种行为与造物主原本就具备的爱相吻合，造物主关爱宇宙万物，促使其生长发展。用“持戒”来抑制自由，防止作恶；用“布施”来帮助关爱他人，这样就能成为菩萨。相反，听凭自然、放任欲望去自由行动，就会变成恶魔。

可见，人具备两面性：既可以成为大慈大悲的佛，也可以成为穷凶极恶的魔。

所谓现世，就是一个修行的道场，修行的目的就是净化具备善恶两面的人心。通过修行提升人性、塑造美好的人格，这就是人生的目的。但是，因为人既有烦恼又有自由，如果放任不管，就很容易坠入极恶非道。为了防止堕落，释迦牟尼提出了“六波罗蜜”这一套修行的方法，帮助人们提升心性，走进菩萨道。

“六波罗蜜”第一条是刚才讲的“布施”，接下来是“持戒”，第三条是“忍辱”。所谓

“忍辱”，就是说这个世界是无常的，可谓波澜万丈、千变万化。忍受这样的变化，不动如山，就是塑造人的心灵。人世无常，一切都在变迁流转之中，或有灾难降临，或遭病魔侵扰，人难免品尝苦难。要忍耐，承受得住，这很重要。

第四条是“精进”。一切生物都在拼命求生存，人类也应该勤奋。放眼自然界，植物也好、昆虫也好，没有哪种生物是懒惰懈怠的。即使是路边的杂草，无论在盛夏的酷暑中还是在隆冬的严寒中，都在顽强地生长。只有人类是例外，一有机会就想偷懒、就想玩乐。自然界所有动植物都朝气蓬勃、努力成长，我们人类也该不遗余力、拼命奋斗才行。

“布施”、“持戒”、“忍辱”、“精进”，努力实践这四条，然后腾出一点时间来坐禅，借以整理自己的心绪。这就是第五条“禅定”。做到这五条，就能最终达至“智慧”——领悟宇宙的真理——这就是释迦牟尼的教诲。

如前所述，提升心性直至离开人世，这就

是人生的终极目的。释迦牟尼要人们向开悟的境地迈进，但开悟的境界无比高远，能够一举达至开悟的人何其幸福，但这样的人恐怕只有数百万分之一吧。

不过，“反正不可能开悟，努力不努力不是一样吗?”这种想法是错误的。依我看，释迦牟尼期待的是人们尽可能净化自己的心灵，哪怕是净化一点点。因此，在死亡到来之前，让自己的心灵一步一步变得更加美好，这才是重要的。

具体地说，在死亡时——就是意识体从肉体中分离出来的时候——得到人们的称赞：“他是个好人”、“他的人品真好”。成为这样的人，才是人生的目标、人生的目的。

在临终之前，人格品性提升了多少，这才是重要的，高尚的人格才是人生的勋章。事业成功也好，有学问获得博士称号也好，在组织内身居高位也好，其实并没有多大的价值。这样思考，我们的心情也会变得轻松。

哪怕贫穷，哪怕患病，只要把自己的心沉

住，平静下来，努力去提升一点心性，这是任何人都可以做到的事情。

一般来说，贫困和病患会让人心烦意乱、消极沮丧。但是“穷有什么关系，一日三餐不是还有饭可吃吗?”只要这么一想，就能一举改变人生观，生存的勇气、奋斗的精神就会油然而生。

相反，有的人适逢优越的境遇，却精神贫瘠，整天担忧自己的财产是否减少。这种人毫无价值，毫无魅力。他与真正的人生目标相差十万八千里。

第六章

关于意识体和灵魂

何谓“意识”？拧脸颊时感觉“痛”，这就是意识。这是因为脑细胞捕捉到皮肤表面神经的反应，产生了“痛”这一意识。人既有这种附属于肉体的意识，正如前面所述，人还有原本就具备的意识，即所谓“过去世”(前世）的意识、记忆。

一般认为，所谓记忆就是脑神经元中储存的信息，这是真的吗？

有一次参加小学同学会，有位同学说：“五十年前的某月某日，你做了这样的事……”他甚至记得当时老师的表情，这让我很吃惊。据说，这些信息都存储在脑神经元之中。或许如此吧！我一边这么想，一边心生疑窦，这是真的吗？

不管怎么说，随着岁月的流逝脑细胞的数量会减少，作为有机物的神经元却能保持50

年，这实在让人难以置信。

那么，这个记忆是如何留存下来的呢？我认为，在脑细胞里反映的信息，渗入到了刚才讲到的意识体内，因而被承袭下来。就是说，记忆不断在意识体内积累、保存，直到临死为止。

说到“前世”、“意识体”、“灵魂”，有人就会皱眉，但我相信灵魂的存在，而且我认为，当肉体死亡时，灵魂或者说意识体就会从肉体中分离出来，意识不会同肉体一起消亡，它会存在于一个同肉体不同层次的空间之中。

如果用电脑打比方，我们就容易理解意识体是什么。电脑只靠硬件无法驱动，必须要有软件。对于人而言，肉体是硬件，只有意识体这个软件注入以后，人才会发挥人的功能。

另外，意识犹如电波一样向外发射。自古以来就有所谓“以心传心”的现象，还有心灵感应、不吉预感等说法。

但是，意识的确切形态却无法描述，离开肉体后的意识体去往何方，那个去处也不得而知。然而，因为意识体是同宇宙的意志相同的存在，所以可以想象它遍布于宇宙之中。还可以考虑，从肉体中分离出来的意识体通过转生由另外的肉体来继承。

我频繁地使用“意识体”这个词语，其实可以把“意识体”与灵魂看作是一回事。那么，为什么我还要特地使用“意识体”这个术语呢？因为“灵魂”这个说法过于抽象，并容易引起误解。

另外，有关在肉体死亡后意识体脱离肉体的情形，在记载濒死体验的书籍文章中，有许多耐人寻味的故事。

人临死的时候，从上面俯视自己躺在床上，医生触摸着自己的身体，宣布说“已是临终弥留”，周围的亲人开始哭泣。“我还活着，你们哭什么呢？”说着这话，自己突然就苏醒过来。这样的事例并不鲜见，虽然无法用科学加以证明，但因为这种情况多有发生，不能一概予以否定。

实际上，在我的熟人中就有经历过濒死体

验的人。有天深夜他突然心脏病发作，他夫人急忙叫来救护车将他送进医院，当时他的心脏已经停止跳动，连续用电击刺激，第三次时终于让他起死回生。

第二天一早，得知音信的我立即去医院看望。当时病人的意识已十分清晰，知道他已无大碍，我说了一句“很危险啊!”他就给我描述了他的濒死体验。

在家里突然感到不舒服，倒下，接着被搬上急救车，送进医院，心脏停跳，在重症急救室，为了让心脏恢复跳动，医生护士紧张抢救。整个过程他都记得。特别有意思的是他讲了下面一个情节：

“开始时很难受，但慢慢感觉轻松起来，当自己意识到时，发现自己正在花园散步，而你正迎面向我走来，对我说‘你在干什么呢?’我迅即惊醒，这时正好因电击心脏跳动起来。”

他说这是一个非常真切的体验。

因心脏病发作而晕倒，心跳停止，按常理讲，这时就没有了意识。然而他却清楚地记得当时的情形。这件事情给了我一个理由，让我相信在肉体之外，还存在意识体，这个结论并不荒诞。

理由还不止于此。再比如，在现代医学中还使用催眠疗法。对患者施以催眠术，就可以增强患者的自愈能力，或缓解他的疼痛，或提高其免疫力。

在催眠治疗方法中，有一种“回溯催眠”，就是在催眠状态下，让患者的意识向过去追溯，这是一种心理疗法。有这样的例子：在“回溯催眠”的作用下，人的意识回到自己出生的时刻，感觉到在通过母亲的产道时的状态，甚至意识到当时的疼痛难受。有的催眠实验还让人追溯到生前，也就是前世的状态。

有记载这种事例的书，书中描写了在催眠的状态下，有人非常清楚地回想起前世的情况。例如，某人从来没有去过希腊，他却回想起自己曾经是希腊人，在催眠状态下，他居然说起了古希腊的语言。有许多这样的事例，证明保存前世经验的意识体确实存在，否则上述现象就无法解释。

还有一个关于“灵能者”（能够与灵魂的世界接触交流的人）的故事。说到“灵能者”人们往往会觉得怪异而无法置信，但此人不仅是文学博士，还是神社的最高负责人（宫司），据说他拥有不可思议的能力，当他的意识进入高度集中的状态时，他就能看到一个人的前世。

有一次，他的某个信徒烦恼不堪，原因似乎在前世，为了帮助此人解脱烦恼，他就运用了这种能力。他描述了此人的前世，此人在某时、某地，曾是某个姓氏的豪门贵族的一员，在某次大战中杀了人，因而招致了今天的灾祸。

但是，不管他讲得如何活灵活现，却没有一个人会相信他这一套说辞，因为他提到的那场遥远的战争并没有历史记载。然而，过了几年，在建造高速公路挖掘的施工现场，却发现了这位“灵能者”所描述的那场战争所在地的城墙及遗迹。因为史料上没有任何记载，所以当地史学家们大为震惊，由此该地的地方史上添加了新的一页。如果不存在包含前世的“意识体”，那位“灵能者”就不可能说出如此神奇的故事。

再举自己身边的例子。我也是一位父亲，有时听孩子说话，会有这样的感觉：“我家的孩子怎么会说出这样的话呢？简直难以置信。”在体形上遗传了父母的某些特征，脸型五官亦有相似之处，甚至言谈习性也有些雷同。但是，偶尔孩子会说出跟父母的感觉完全相反的、异想天开的话。“这是我家的孩子吗？”我甚至产生这样的怀疑。这类事情忽隐忽现。

另外，我有三个孩子，三人的性格却迥然不同，这也让我纳闷。养育的过程相同，脾气性格却不同，而且这种不同并不是微小的差异，而是根本的不同。有的小孩生性急躁，有的却是稳重沉着、落落大方，让人难以相信他们会是亲兄弟。还有所谓“乌鸦窝里飞出金凤凰”，生出了能力大大超越父母的孩子。

这是为什么呢？我认为，这是因为拥有前

世经验的“意识体”渗透进了婴儿的体内。

人死以后将会怎样？关于这个问题，三十多年前有一位京都大学的老师写了一本书。他认为，人死之后的所谓“灵魂”像病菌一样浮游于空中。有的人家，孙子的外貌酷似过世的祖父，就是因为那种浮游的物质进入了孙子体内的缘故。

这种说法虽然有趣，我却不予采信。人在今世，在活着的时候遭遇各种各样的试练，这些经验都储存在意识体内。当这个人死了之后，他的意识体就会“转生”到另一个人身上。这是我的观点。

为什么转生？因为在今世塑造的人格还不够圆满，有必要在下一个来世继续磨炼。

例如，某个意识体投胎于一富人家的孩子身上，这孩子从小就养尊处优，不但没受过挫折、没经历考验，而且要什么有什么，任性放肆，结果烦恼缠身，死亡时的人格比出生时还要糟糕。这时候，这个意识体就会再次投宿于一个新的生命重新来到现世，进行新的修炼。

重复这样的循环，不断提升人格，慢慢接近神佛，心灵的纯美达到了如来的境界。提升到这么高的水准，就佛教的说法，不需要再轮回转生了。

可见，意识体这个东西，不是在今世这个“我”身上就终结了，它还会转移到下一个重新转生的自己身上。因此，提升自己的心性、品格和人格，不仅是对今世的自己负责，而且是对来世的一代负责。

第七章

关于科学

现在的科学家都认为达尔文的进化论是正确的。达尔文进化论的基本观点是：动植物在进化过程中，由于突然变异产生各种个体，其中最能适应环境的个体存活下来。我虽然不是这方面的专家，却想对上述观点提出异议。

日前，我有机会与京都大学的原子物理学、宇宙物理学的老师们交换意见，他们果然无不信奉达尔文的进化论。当时我以昆虫的拟态为例，谈了我的观点。

"有的昆虫看起来酷似枯叶或树枝。进化论认为，某种昆虫由于突然变异，产生了各种不同的个体，其中最适应环境的品种生存下来。但我的疑问是：变异未必变得像枯叶，即使像，怎么能像到那种程度呢？"

老师们想以概率的观点回答我的问题，他们说："在超乎想象的漫长的时间和广阔的空间中，这样的变异是可能的。”

针对他们这种说法，我提出反驳：“昆虫面对天敌，生命悬于一线，出于求生的强烈的欲望和意念，作为自救的方法，它们希望自己能伪装成枯叶，难道不正是昆虫这种求生的意识才促进了 DNA 的变异吗？”

前文提到，科学的进步，是科学家先驱们“想做这个，想搞成那样”的意识活动导致的结果。如果科学也是意识的产物，那么生物的进化不也可以看作意识的产物吗？

有的分子生物学家认为，DNA 就是利己的——一心只想让自己的品种存活下来。但问题在于，因为外界的某种刺激，遗传基因的排列突然发生变化，仅仅用这种偶然因素来解释物种的进化，这说得通吗？由于某种偶然因素引起 DNA 排列稍许变化，因而患上癌症，这种情况或许不可否认，但因为意识的作用而促使 DNA 排列发生变化，从而引发癌症，这也是事实。

我的观点是：DNA 的突变并不是仅仅基于

外部的因素，意识体、意识这种内部的因素也会导致 DNA 的突变。

比如，大象的鼻子很长，进化论的解释是："偶然出现了鼻子很长的大象，因为这种大象适应环境，所以生存下来。"那么同大象处在同样环境下的其他动物的鼻子，是不是也应该很长呢？事实上只有大象长了个长鼻子。

再看看大象用鼻子把青草送进嘴里的样子，好像并不方便。似乎很难说这就是适应了环境，感觉上它不一定需要那么长的鼻子。所以我认为，是大象自己希望鼻子长，才长了个长鼻子。

长颈鹿也一样。如果只有长脖子才适合环境，才能吃到大树的叶子，那么同一地区的其他动物也该同长颈鹿一样有个长脖子才对，但整个非洲热带草原，长脖子的也只有长颈鹿而已。

人类的世界也一样。"想这样做，想做成那样"，这种意识带来了进步发展。此外，还有所谓"职业脸"。刑警有刑警的目光，小偷有小偷的眼神，就是说职业意识改变人的相貌。不仅如此，小时候大人告诉我“相由心生”，心不干净，连面相也会变丑。

这里的心，我用意识体这个词来表达，我认为意识甚至可以改变 DNA。

DNA 的改变，有的时间较短，有的需要长期的演化。昆虫的拟态、大象的长鼻子、长颈鹿的长脖子，应该是长期意识的影响促成的。

我的这种观点，明摆着是从正面挑战进化论，难免被扣上“不科学”的帽子。但是我认为进化论未必正确，而且我认为现代科学并不能解释所有的事物。

进一步说，现代社会，只重视科学，只习惯于用科学去解释事物。“为了人类变得更好，为了创建更理想的社会，我们应该具备怎样的思维方式，应该建立什么样的哲学规范。”这么重大的问题却无人问津。

把是否符合科学作为第一原则，仅仅局限在这一框架内思考问题，事实上是行不通的。思考的角度应该是“对于人类，对于宇宙，什么样的思维方式是必不可少的”。但现在，从这一角度出发的讨论完全没有。即便有人提出这种意见，也立即遭到否定，被批判为“不科学”。然而，现代科学能够推导出绝对的真理吗?

举例来说，最初发现原子时，科学认为最小的物质是原子。但到发现基本粒子时，原子最小的结论被推翻。后来随着研究的进展，又说夸克是基本粒子中最小的物质。

这个例子表明，即使已被科学证明的真理，随着科学的发展也可能被否定。因此所谓科学，不过是“现阶段所认知的范围内的事实”。它既不可能正确地解释一切事物，也不代表唯一的真实。

拥有博士头衔的麻醉专家青山圭秀先生在他的著作中指出，科学还不能解释麻醉的机理。使用某种药物，能使意识停止，但却不能说明为什么。这种药物发生作用是确凿的事实，因而人们认可这是正当的医疗行为。但其中的原因在理论上还无法说清。

麻醉可以让人不感到疼痛，而痛觉是人最直接的一种感觉。在构成意识的基本层次上药物发挥了麻醉的机能，但科学至今仍然不能说明其原理。

精神疗法中，听说使用抗抑郁的药物可以达到类似的效果。另外，听说有实验证明，用面粉代替感冒药给患者服用，竟有三分之一的人治愈。这说明“吃药就能治病”这种意识让他们恢复了健康。

上述意识的功能，现代科学还不可能解释。科学界在现阶段不仅无法用自己的方法论来证明意识的作用，而且当有人提出意识功能的问题时，就一概斥之为“不科学”，这难道不可笑吗？

还有，许多局部之和不等于整体。许多小的事实被确认了，被论证了，具备科学性，但将它们累积起来，未必能够说明全体。正如一部机器的每个零件都制作精细，将这些零件装配成机器时，机器一定能够顺利运转吗？答案是不一定。制造机器先要从整体上考虑机器的结构。

由此看来，在思考人类和宇宙整体的时候，就需要站在造物主的视角上观察。

只在局部上精雕细刻，决不可能正确地理解整体。现在的科学或者说现在的学者，他们往往只见树木不见森林，只论述局部而迷失了整体。所谓“造物主的视角”，就是观察和把握全局，为了让这个世界变得更好，我们人类应该具备什么样的思维方式，我认为这一点是现代社会最为必要的。

第八章

关于人的本性

“人性是善的吗?”常常有人提这样的问题。“性善说”和“性恶说”两种观点会进行辩论。但我认为:人的本性“既不是善,也不是恶”。

前文谈到,人借着肉体降临尘世,为了维持肉体的生存,人被赋予了六大烦恼,同时人还拥有自由。

烦恼产生于欲望。在原始时代,放在第一位的是“吃”。没有粮食就无法维生。所以,自己能吃饱,能给自己的家族足够的食粮,这就是基本的幸福。

然而,人不能单独生存,或只和自己的家庭一起生活。无论丛林还是社会,都有邻居旁人。因为大家都拥有自由,为了满足自身的欲望,旁人或许会来抢夺自家的粮食。如果这样,为了自己获得充足的食粮,为了自己的幸福，人就会依据欲望的冲动采取行动，陷他人于不幸。这种可能性是存在的。

把这种可能性付诸实行就是恶。因为有自由，所以可以为所欲为，剥夺旁人的自由；在强调自己自由的同时，陷他人于不自由的境地。人就因为有自由而在不知不觉中伤害他人，对他人作恶。

所谓罪大恶极之人，大体上都是将自己的欲望极度扩张、一味强调自身自由的人。丝毫不顾及别人的人，作恶的可能性极高，而且本人并没意识到自己在作恶，这就更可怕，更难以对付。

赤裸裸地依本能行事，自由过了头，必然作恶，释迦牟尼知道这一点，所以他倡导“要抑制本能”、“要抑制欲望”、“要懂得知足”、“要持戒”。

遵循释迦牟尼的教诲，能够抑制自己的本能、欲望的人就是不作恶的人。不仅抑制本能和欲望，而且积极帮助他人、有助人为乐精神的人就是为善的人。

结论是：人依据思想和行为的不同，既可以向好的方向发展，也可以向坏的方向前进。换句话说，人只要活着，因为具备自由，就有作恶的充分的可能性。同时，只要能抑制自己，就会不仅不作恶，而且可以行善。因此，需要超越“性本善”、“性本恶”的概念，需要理解手握自由的人，因运用自由的方法不同，既可作恶也可为善。

想要提升心性——抑制欲望、积极地为众人服务，人就会变善。如果能清醒地意识到这一点，努力持戒、努力利他、努力提升心性，就会不断朝善的方向发展。

正如本书一开头所述，人只要存在就有价值，即使做了坏事仍然有价值。但是，这种价值只是作为构成宇宙一部分的价值，即同无生物、植物、动物同一层次上的价值。

在植物中也有像“藤蔓”那样，只顾自己生长，覆盖在其他植物之上，遮住阳光，使被攀附的树木枯死。动物中也一样，食肉动物为了自己的生存，要猎食别的动物。为了保存自己而牺牲对方。

但这却不能算是真正的恶，它们只是分别拼命求生而已，并未考虑到对其他生命的影响。作为自由觅食的结果，牺牲了其他的生命。从某种意义上讲，因为自由，可以在自然界拼命求生，但这对于被牺牲的对象而言，是作了恶，持这种看法也未尝不可。

而人类现在对地球、对其他动植物，因为过分滥用了自由，正在遭受自然环境这个巨大存在的严厉的报复，或者说，更大的惩罚还在后面。包括环境问题在内，我们似乎听到了地球的呼声："觉醒吧！人类。"

前面提到过，人类具备思考能力、具备心智，人类是地球上最有价值的存在，这个说法并不过分。人类立于万物之巅，这也是毋庸置疑的事实。人类的思想、行动对世界万物有巨大影响，如果思想不对、行动错误，将会给地球母亲带来重大的伤害。

现在，对人类的要求是：作为最有价值的存在感到自豪，并承担与之相应的责任。

然而，在现实中，人类却没有承担起责任，践踏别的存在，杀戮其他动物，破坏自然环境。为什么人类会如此若无其事地大干坏事呢？

我觉得，“人类不过是和其他生命、其他动物相同的存在”这一观点，从结果来说，是贬低了人类的价值。必须再三强调，人类是最有价值的存在，在为此感到自豪的同时，要清醒地认识到人类的责任，我们必须改变对我们人类自身的认识。

很多已经觉醒的人已在开始敲响警钟。“好不容易来世上走一趟，为社会为世人尽点力吧！”我希望有更多的人愿意积极地为社会做贡献。

人类是能够“通盘考虑地球整体”的唯一的生物，其他动植物都没有这种能力。因此，人类作为最有价值的存在，必须承担使命，为地球、为人类努力奉献，这是非常重要的。

第九章

关于自由

在欧洲，一般的人都认为世上存在神灵和恶魔，恶魔干坏事，神灵救人。社会就是在善恶两者的较量中形成的。我在小时候也是这么想的。但有一天我突然冒出一个疑问：那么伟大的神灵为什么会制造出恶魔呢？

有一种说法是：恶的存在是为了从反面教育人、告诫人。但是，既然具备纯粹而美好心灵的存在就是神灵，那么，应该让善充满世界才对，为什么必须有恶呢？

这个疑问长时间内在我头脑中挥之不去。某一天，我忽然想到，恶难道不是我们自己制造出来的阴影吗？这么一想，疑问就随之解消。恶不是原本就有的，人为了自己的生存，有时会不择手段，结果自己制造了恶。

那么，是什么制造了恶这个阴影呢？我认为，制造了恶的是“自由”。

人之所以为人，之所以能发展进步，基本的要素就是自由，就人的本质而言，自由极为重要。但正是这个最重要的自由，实际上恰恰是我们人类造恶的原因之一。前面已经提到，人为了扩张自己的自由，不惜剥夺他人的自由，在强调自身自由的借口之下制造出罪恶的阴影。

可贵的自由却因为使用的方向不对而造出了罪恶，这如何理解呢？打个比方，厨房的菜刀也可以做杀人的工具，但是菜刀本来是用来切菜的。因此，对自由本身我当然是肯定的，但我以为，人在行使自由这项权利的时候必须慎重，必须小心。

说到这里，我不禁想起当今社会上出现的乱象，简直不可思议。十七岁少年的杀人事件居然连续发生，对社会造成了巨大的冲击。未成年人的恶性犯罪事件成了家常便饭，看到媒体的报道，不免让人黯然神伤。

但是，这不只是日本的问题，在美国，小学生携枪在校园射杀同学的案件时有发生。这是所谓先进国家共同的问题。

为什么天真的孩子会染指凶恶的犯罪呢？这是因为现代的孩子贪图自由，喜欢滥用自由，在这种状态下，他们不懂得抑制自己的欲望，其结果就制造了罪恶。物质文明发达了，社会富裕了，在优越的环境中对孩子不加管束，养成了他们放任骄纵的习惯。我认为，这才是小孩动恶念、干坏事的原因所在。

要面对并解决这样的问题，最需要的是“觉悟”。释迦牟尼为了让人觉悟、让人提升心性，提出“六波罗蜜”的修行方法。这在前面已谈到：要为他人尽力——布施；要知足，要遵守戒律——持戒；要忍耐、有韧性——忍辱；要努力工作——精进；要把心沉住，保持心境平和——禅定，这样做了，就能进入悟境——智慧。

其实，早在释迦牟尼诞生之前，自然界就已经把这些道理教给了人们。我们人类曾辗转于森林和荒野，为自己和家族采集食粮、捕捉猎物，从那个时代开始，到畜牧农耕时代，人类一直处在生存的危机之中，与危机朝夕相伴。

如果捕不到猎物，就会连续三四天忍饥挨饿。到了靠农业为生的时候，虽然人们的生活比狩猎时代安定了许多，但是，碰到连续干旱、赤日如火，人们依然会陷入饥馑，饿死的人往往不计其数。这样的生存危机十分常见。

处在如此严酷的自然环境之中，“必须拼命地劳作”，也就是“精进”的重要性，人们自然就能懂得，并把它看作“不变的真理”。当干旱、大雨、台风等自然灾害来袭的时候，人们会感受到自己是多么无能为力。从这样的经验中，人们体会到“不会总是风调雨顺，灾难来时要忍耐”，学到了“忍辱”。再有，粮食丰收时不能任意挥霍，必须节制、必须储备以防不时之需，这就是“智慧”了。

还有，因为自己会有苦难的时候，所以见到邻人有难就会出手相助。这也是在严峻的自然环境中人们学到的道理。例如在日本，在第二次世界大战后的相当长的时间内，保持着一种习惯，就是每当有好吃的东西到手，总会和附近的熟人一起分享。

这是一种类型的“布施”。这样的习惯都是大自然教予的。人们通过这样的行动塑造自己的心灵，结果就是不再为非作歹，不制造罪恶。

但是，随着物质生活的富裕，人们渐渐忘记了大自然教予的真理，两千五百年前的印度也出现了这样的情况，因此，释迦牟尼才将“六波罗蜜”这样的生存智慧作为佛教教义，传授给众人。

现在的日本也出现了类似的情况，经济富裕了，人们即使不拼命工作也能过上普通的生活。于是，与其正式就职、受到约束，不如当自由职业者，想工作时才工作，其余时间用来休闲玩乐。什么“精进”、什么“持戒”统统与我无关，更不必提什么“忍辱”了，连想都没想过。抱这种人生态度的人越来越多。

这样，塑造人们心灵的行为全部遭到了否定。在贫困的发展中国家里，未成年人的恶性犯罪，应该不会像日本这么多。因为贫困，所以孩子从小就不得不帮大人做事。就是说，贫困的环境磨炼了孩子的心灵。联合国的《儿童权利公约》主张，让儿童参加工作是无视人权的行为，必须保护儿童的人权。这当然有它的意义，但我认为，另一方面，关于自然界给予人试练的重要性，我们也应该认真考虑。

少年恶性犯罪的另一个原因，是在战后的教育中，过分强调了“自由才是重要的”这么一个理念。前面讲过，存在着对自己是自由、对他人却是作恶这样的情况，但战后的教育对这个道理只字不提。特别是最近，“自由最重要，必须尊重孩子的自主性”，这种论调已经作为教育方针贯彻执行。

然而，对于个性远未成熟的幼儿园的孩子，就讲什么尊重自主性，这就等同于鼓励孩子以自我为中心，我行我素、为所欲为。我认为，这种教育的结果，就培养出了长多大也不懂得抑制自己欲望的孩子。所以，十七岁少年的恶性犯罪在该发生的时候就发生了。

看媒体的报道以及所谓有识之士的分析，感觉到他们并没有明白最近青少年恶性犯罪的真正原因。在前面已叙述过，认真投入工作、吃苦耐劳、忍耐忍受、奉献他人，把这些思想行为抛在脑后，让自由无限泛滥。我认为这才是青少年恶性犯罪的真正原因。所以，教育孩子懂得抑制欲望的重要性以及如何抑制的方法，这才是当务之急。

至少有两条必须教给孩子，一条是帮助别人，就是“布施”，一条是明确不允许做的事，就是“持戒”。努力奋斗，就是“精进”，忍耐忍受，就是“忍辱”，这两条必须让孩子在生活实践中自己掌握。至于释迦牟尼讲的“禅定”，就是让自己的心沉静下来，当然也很重要。但是，对于年轻人，我觉得首先必须教会他们“布施”和“持戒”。

第十章

关于青少年犯罪

近年来，青少年犯罪的现象快速增加。仔细分析一下，犯人一般都是很懂礼貌的孩子，家庭背景也不错，有些甚至经济条件非常优越。

但是，在过去贫苦年代的日本，孩子们的自由都受到了压抑、压制。而当时却没有发生今天这样的问题。

我想，这是因为那时的小孩，平时在与大人交往的过程中，以及在与别的孩子的交往过程中，他们得到了训练，知道了如何抑制自己的欲望。而现在，孩子跟家庭成员的交往，与朋友之间的互动大大减少了。因此，该如何控制自己才好，他们弄不明白了。

实际上，兄弟姐妹少了。因此，如果父亲买来一块蛋糕，独生子女就一个人独享了。但是，如果兄弟姐妹有五人，蛋糕就会分成五份，因为不能分得那么均衡，有大有小，所以最小的孩子拿小的，最大的孩子取大的。如果最小的孩子想拿大的，就立刻会受到责骂。

与此对应，在家庭大扫除时，最大的孩子干活最多，最小的孩子甚至可以不干活。有了兄弟姐妹，就要这样互相容忍，有时还得互相帮助，孩子们必须在生活中学会克制自己。

换句话说，在家庭里，在兄弟姐妹的关系中，有规则存在。由此孩子们自然而然受到了训练。有人说："通过吃火锅，我学会了竞争和谦让。"通过和别人的共同生活，很自然地就学到了如何构筑人际关系，以及作为社会一员必须掌握的基本规范。

常有人说现在的年轻人"心灵荒芜了"，也有许多老师指出了"心灵的问题"。不过虽然指出了"心灵的问题"，但如果问：荒芜的心灵如何矫正，回答几乎千篇一律："告诉他心灵的重要性"、"咨询交谈"、"治疗病态的心灵"，等等。就是说，大家都不知道，心灵的教育该怎么做才能够奏效。

另一方面，有人说："发展中国家不存在十七岁犯罪的问题。"还有人说："贫困的家庭不出心灵荒芜的孩子。"照理说穷人的孩子容易变坏，但恰恰相反，现在是富家子弟干坏事。

在明治、大正时代、昭和时代初期，以及二战后的一个时期内，日本很贫困，即使小孩也得干活，否则就难以维持一家的生活。因为是小孩，难免要玩耍、耍调皮，但只要父母一声斥责，要他们帮着做事，他们就会卖力。在这过程中，孩子们学会了克制自己欲望——这也可称为"持戒"吧。因为必须干活，所以懂得了"精进"的重要性。要忍耐，这与"忍辱"相通。通过这三条磨炼了孩子们的心志。不得不劳动，学会克制欲望，加上忍耐，这三条往往促使贫困家庭出身的孩子取得成功。

心灵之所以荒芜，就是因为我们忽视了这三项塑造心灵的作业。针对青少年问题，首先要考虑："为了塑造孩子们的美好心灵，应该做什么？"基本的就是教育孩子懂得："克制自己的欲望、忍耐、勤奋，这三项是塑造我们心灵所必不可少的。”

不教孩子这些，却去强调“因为心灵荒芜，所以十七岁的问题发生了”，甚至有人说“因为发生了十七岁的问题，所以必须考虑心灵的问题了”。但谁也没有进一步去认真思考这个问题产生的原因和解决的办法。

青少年犯罪的另一个原因是学校教育出现了问题，前面也叙述过，就是所谓“培养自由的个性”这个教育方针。根据这一方针，在儿童阶段就提倡“尊重自主性”、“不能灌输思想，而要让小孩自发学习”。但是，这样的教育不能塑造孩子的心灵。

释迦牟尼倡导“持戒”——遵守戒律。守戒就是“不可做的事不做”，这是理所当然的事。但是，什么是“不可做的事”，什么是“可以做的事”，两者如果分辨不清的话，“持戒”就无法实行。而这是非教不可的东西。

因此，佛教用“如果做坏事，死后会下地狱”这样的方便法门教育众生。人们在恐惧之余，就会产生拼命守戒的想法。然而，现在的教育却对蒙昧未开、什么也不懂的小孩去强调启发性和自主性，而对“什么是该做的好事”、“什么是不能做的坏事”这种关键的戒律却不讲不教。

还有教师说：“孩子纯真，不教也知善恶。”但是，在我看来，绝非如此，小孩不懂克制本能，他们类似充满“我执”的动物。

在远古时代那种严酷的自然条件下生存，大自然会通过生活教育人们“什么可做”、“什么不可做”。同时，不能遵守这种规则的人会被无情地淘汰。但是，在生活富裕的现代社会，大自然的教育就不奏效。正因为如此，就必须通过教育，明确而切实地教会孩子们分辨“作为人该做的好事和不该做的坏事”。

第十一章

关于人生的目的

一般来说，人认识到自己活在世上，开始产生生存意识，那应该是在懂事之后。从出生到懂事之间，人不会思考自己为什么要降临人世。而且，即使懂事之后，在相当长的一段时间内，在父母的保护之下，人仅为生存就须竭尽全力。要到十二三岁，人才会开始思考人生的问题。

虽说因人而异，但人开始思考人生的问题，往往很大程度上是受了父母和老师的影响。按照父母老师“明确人生的目的，树立大志，朝着目标挑战”的这种教导，设计构思自己的人生目标。许多家长、老师把孩子要出人头地视作正确的人生目的，“努力学习、考进好学校、成为有出息的人”，而孩子们也会真心为此目的而用功读书。

学习好的孩子顺着这条路不断奋进，在为

了出人头地而努力的过程中，更明确肯定了出人头地就是人生的目的。而学习不好的孩子在这过程中就会感受到挫折。升学困难就只好去工作，在工作中体会到社会上的各种人情世故。于是有人就会想：“难得这仅有一次的人生，与其过得悲悲切切，不如过得快快活活。”

在人生的过程中，随着年龄的增长，无论是想出人头地的人，还是想轻松潇洒过日子的人，他们的人生目的都会发生变化。

这是因为他们感觉到了死亡的威胁正在一步一步逼近自己。于是，“为了长寿，得注意健康啊！”这时就把健康当作了人生目的。

相同辈分的老年人相聚必谈健康，话题不外乎：“这种食品对健康有益”、“药是这个好”、“我生了这个病，你也要小心啊”、“哪位医生好”等，把更多的时间花在了维持健康上。即使是立志要出人头地的人，也把这目的搁在一边，工作也多少放松一点，而把健康放到了首位。

所谓长寿，意味着要“延长肉体生命的时

间”。为了维持自己逐渐衰老的躯体，让自己活得尽可能长一点，人往往就会忽略他人，变得自私和固执，“只要对自己有利就好”的想法就会逐渐抬头。

按理说，随着年龄增长，积累了经验，人品该日臻圆满，人格该日趋高尚，但恰恰相反，因为对健康，也就是对肉体的执着而滋长了利己之心，带来了“老丑”和“欲望痴呆症”，现在的日本，这种倾向似乎愈演愈烈。

人的生活方式本来就千姿百态，天资聪明的孩子可以梦想通过努力而出人头地；稍稍愚笨的孩子可以做出现实的选择：“这样也就行了”，从而轻松潇洒地度过仅有一次的人生。这些都无可厚非。

然而，即使出人头地了，也就限于这一世。名声、财产、地位都是死不带去。肉体留在了现地，能带往彼岸的，前面已经叙述过，只有灵魂，也就是意识体而已。另外，不管在现世过得多么潇洒多彩，死后留下的灵魂只有“潇洒多彩”一种感觉，人生将没有意义。

我们死后留下的灵魂、意识体本身具有多大的价值？这才是人生的意义所在。活在世上，获得了名声，获得了财产，获得了很高的地位，这些能够成为灵魂的价值吗？另外，度过了一个潇洒多彩、波澜万丈的人生，就会提高灵魂的价值吗？我认为，答案是否定的。在有生之年，为社会为世人做出了多大的贡献，就是说，活着的时候做过多少好事善事，这才是万人共通的灵魂的价值。

提升人性，即磨炼灵魂，这是最重要的。磨炼灵魂，塑造高尚的人格，这才是人生真正的目的。忽略这个目标，人活着就没有意义。

虽说每个人走过各自的道路，到达人生的终点，但不管哪种道路，都是“造物主为了磨炼人性而赐予的道路”。我们应该这样去理解。

我认为，我思考的这个人生最终的目的，如果能够在小学时期就灌输给孩子，那么孩子们就可以度过一个更为美好的人生。

“出人头地、追求成功可以，想过一个潇洒多彩的人生也可以，但是，那都是人生的一个过程，人生的目的在于塑造高尚的人格。”

我觉得，最好在十二三岁，孩子树立人生志向的时候教给他们这个观念。或许，那时他们还难于理解，但是，只要在他们脑海中留有印象，到了青年或壮年时期他们就会时而想起，只要如此，此前的教育就会起作用，不会徒劳无功。

可惜在现在的学校里，没有任何人在传授这样的道理。

这样的道理本来应该由哲学家来阐明，但是他们的理论往往抽象难懂，他们没能用青少年可以理解的语言讲述人生的目的和意义。另外，现在的宗教家们也没有起到教导人生目的的作用。

人们抱怨这是一个良心丧失的时代，抱怨物质文明发展了，但精神文明却没有随之发展。我想原因就在这里。

那么，为了磨砺人格，我们到底该怎么做呢？这个问题实在太重要了，请容我反复强调：第一，为他人尽力。要努力去思考如何为社会尽力——就是“布施”；第二，戒勉自己、抑制利己之心——就是“持戒”；第三，忍受诸行无常、波澜万丈的人生——就是“忍辱”；第四，全身心投入工作——就是“精进”。我认为，关键就是要通过这四项去提升人们的人格。

“布施”“持戒”“忍辱”“精进”这是释迦牟尼在2500年前就倡导的，目的在于塑造人格，引导人们踏入悟境。我相信，不管是否信仰佛教，这四条作为普通人的生存智慧，值得我们好好学习、好好实践。

我总是随身携带简便的佛教书籍，无论在飞机上或别的地方，只要有空就随时阅读。但是尽管反复学习，还是会很快忘记，不能很好地付诸实践。尽管如此，还是要坚持反复学习、反复思考、努力实践，我想这是非常重要的。

第十二章

关于命运和因果报应的法则

我认为，构成我们人生的要素有两个。

一是我们与生俱来的“命运”。比如有一位划时代的优秀学者，他通过遗传从父母那里继承了优质的脑细胞，所以他头脑聪明清晰，但光凭这一点，他还成不了优秀的学者。他只有具备身体健康、不患重病、钻研学问的环境、邂逅恩师和后援者等附加条件，才能将天赋的才能十二分地发扬光大，从而开花结果。换句话说，能否获得一流学者的地位，除了自己的意愿和遗传基因之外，还有超越这两项因素的“某种东西”的存在，它属于“命运”的范畴。

以东方政治哲学、人物学权威著称的已故安冈正笃先生说过：“《易经》是包含宇宙真理的学问。”中国自古以来就把《易经》作为大自然的根本原理来学习研究。西方人则深入探讨占星术，也积累了庞大的文献。东西方的文献都是人们强烈愿望的产物，人们理解“命运”的重要性，千方百计想要探知命运的奥秘。

除了“命运”之外，还有一个构成我们人生的重大要素，那就是“善根结善果，恶根生恶果”的“因果报应的法则。”“心中所想会如实呈现”的观点，一有机会我就会讲述。就是说，思考以及基于思考的行动会成为原因，从而产生相应的结果。它被称为“因果报应的法则”，它与“命运”法则并行，滔滔地在我们的人生中流淌。

换言之，造就我们人生的要素有两个，一个是某个人与生俱来的“命运”，另一个是这个人的思想、行为所造的“业”（karman）。再换一种表达，“命运”和“因果报应的法则”宛如 DNA 的双重螺旋搓合在一起，构成了人生。

重要的是：“因果报应的法则”或多或少要强于“命运”。因此，我们可以运用“因果报应的法则”改变与生俱来的“命运”。就是说，想好事、做好事就能促使命运向好的方向转变。

这个结论不是我随意的杜撰，安冈正笃先生在其著作《命运和立命》中写道：“命运不是宿命，它可以改变，所以因果报应的法则就很重要。”为此，他介绍了中国古籍《阴骘录》中袁了凡这个人物的故事。大意如下：

袁了凡本名袁学海，出生于医生世家。父亲早亡，由母亲一手养大，母亲希望儿子继承家业学习医术。有一天，家中来了一个留着胡须的老人，老人说：他在云南专门研究《易经》，因受天命来向袁学海传授《易经》真髓。母亲或许要这个孩子当医生，但他会通过科举考试，成为出色的官员。在县里第一次考试中获第几名，第二次、第三次考试名列第几，在科举大考前，他就会当官，很年轻就被任命为地方长官。会结婚但不会有孩子，享年五十三岁。这就是这孩子的命运。

袁学海果然放弃了学医，走上了当官的道

路，不可思议的是，他每次在科举考试中的名次一如老人所言，包括后来当上地方长官，都和老人的预言一模一样。

此后，袁了凡在南京的国子监游学时，去栖霞寺拜访了有名的云谷禅师，两人一起坐禅三日。

“你这么年轻，打坐时却毫无杂念，非常了不起。我从没见过坐禅功夫如此出色的年轻人，你到底曾在何处修行过呀？”

云谷禅师很是佩服。而袁了凡在回答时却提到了小时候遇到胡须老人的事：“我至今为止的人生完全如老人所言，不差一分一毫。如今也没有小孩，大概五十三岁就会死去，一切都是命中注定，所以我已经没有任何烦恼。”

听毕了凡的话，云谷禅师一声喝破：“本以为你是位开了悟的大男子，想不到你竟是一个大笨蛋！”

接着，禅师说道：“那老人虽然说出了你的命运，但命运是可以改变的。”禅师解释了做好事就会产生好的结果、做坏事就会产生坏的结果的“因果报应的法则”。

“思善行善吧！那样做你的人生一定会时来运转。”

听了禅师一番话，袁了凡如梦初醒：“原来是自己错了，今后一定照禅师所言，思善行善。”他下决心，天天记功过簿，做一件好事加一分，做一件坏事减一分，努力日日行善。结果袁了凡活到了七十三岁。

同时，据说不可能有的儿子也出生了。袁了凡告诉他的孩子：“在遇到云谷禅师之前，我的人生顺着命运前行。但是，从那以后我改变了想法，尽力做好事，结果不可能出生的你出生了。本来五十三岁就该死去，现在过了七十还如此健康。儿子啊，原来人生是可以改变的，只要不断做好事就行了。”

人的“命运”是既定的，它不因我们的愿望而改变。但另一方面，与“命运”并行流动的“因果报应的法则”却不然。运用这个法则，甚至可以改变既定的“命运”，这可以称之为“立命”。如果是这样，我们就能够改变

“命运”，我想我们应该更有效地使用“因果报应的法则”。

但是，在现代社会，由“命运”和“因果报应的法则”两者搓合构成人生这么单纯明快的事情却没人相信。为什么呢？一是因为对“命运”和“因果报应的法则”存在着偏见。超越人智的命运用科学无法解释，因此，多少有点学问的知识分子，特别是所谓精英，他们往往把“命运”看成迷信。另外，“因果报应的法则”在民间通俗的说法是“做坏事会遭报应呵！”这好像是蒙骗小孩，是没有文化的人吓唬小孩的方便用语。

更重要的理由在于，要证明“命运”和“因果报应的法则”正确与否，本来就很困难。“命运”到底是怎么回事，我们无从知晓。做好事就会有好的结果，也很难有明确的形式表现出来。为什么呢？

前面已谈到，人生是由“命运”和“因果报应的法则”两个要素搓合而成，原因就在这里。

例如，在命运特别坏的时期，即使做了一点点好事，也不足以让事态好转；相反，在命运非常好的时期，即使干了若干坏事，因为有好运挡着，坏的结果一时还出不来。因此，有人就想不通“干了那种坏事的家伙怎么还能过那么幸福的生活”。

听说还有这样的事：某人请一位“灵能者”为自己的朋友算命，听到这么一段话：“你这位朋友今年撞上了大厄运，本来会生一场大病，但却平安无事，此人近年来一定是做了了不起的大好事。如果不是这样，在运势如此恶劣的时期，身体也好、事业也好，不可能那么顺当。”

就是这样，“命运”和“因果报应的法则”犹如DNA那样的双重螺旋形状，复杂地交叉搓合在一起，不像“1+1＝2”那么一目了然。

正因为有点儿复杂，所以，人生由“命运”和“因果报应的法则”两个要素构成，而“因果报应的法则”可以战胜“命运”，从而改变人生，对于这样的道理，谁也不愿意去相信。

但是，“因果报应的法则”俨然存在。让我们回到“关于宇宙”那一章，回顾一下宇宙从起源开始的流程吧！

宇宙起源于一小撮超高温超高压的基本粒子的团块，它在约 150 亿年前经过大爆炸，基本粒子互相结合成质子、中子和介子，在外面环绕一个电子构成氢原子，氢原子经核聚变产生氦原子。这样反复聚合的结果，形成了现在宇宙上存在的各种元素，再进一步结合成分子和高分子，终于产生生命体，以至发展到我们人类这个阶段。

150 亿年间，最初的基本粒子原封不动保持原状应该也不足为奇；发展到原子阶段就停止不变，也并不奇怪。然而，宇宙接二连三不断生成发展，以至创造了人类。这是为什么？因为宇宙中有推动森罗万象、一切事物生成发展、促使它们成长的意识在发挥作用的缘故。

当我们具备善的意识时，正好与宇宙中充满的“所有一切生命啊，祈愿你们好自为之”

这一善的意识——不妨称之为“造物主的意识”——不谋而合。这种美好的个人意识与宇宙的意识波长吻合，此时，一切都会顺畅，事业成功，不断发展。相反，如果逆宇宙意识而动，结果必然失败。

如果这么思考的话，没落和衰亡的原因也可以得到解释。比如，企业为什么破产？就是因为在企业顺利发展时，“没做过什么好事”、“没做过为社会为世人奉献的事”、“企业发展以后，不再认真努力了”，等等。就是说，没落和衰亡是违反了宇宙的意识而得到的报应，如此而已。

近年来，一些过去曾受到高度评价的企业倒闭了，倒闭前企业的惨状暴露出来，那些曾经名扬天下、受人尊敬的著名经营者，随之在顷刻间威望扫地，坠入痛苦的深渊。其中，既有经历三四十年长时段，才从发展转入衰退的企业，也有最近迅速蹿红、仅仅经过几年高速成长又瞬间坠落的“风险型企业”。无论哪种企业，都是在功成名就之后，就那么轻易地分崩离析了。

凡是经营者，都祈愿“无论如何都要避免”企业破产的事态发生。然而，为什么事与愿违、为什么成功不能持续呢？固然有“命运”的因素在起作用，但我认为，主要还是“因果报应的法则”产生的结果。

据说在20世纪初的伦敦，常有一些知识精英们聚会，与已经死去的人进行灵魂交流，称为“交灵会”。在某个市镇，由医生主持的交灵会上，经常有自称为“西尔弗·帕奇”的印第安灵魂出现，谈论各种各样的事情。他的话还被汇编成书。我偶尔读到了这本书，其中有一节特别引起了我的注意。针对长期以来抱有疑问又无法证明的“因果报应的法则”，西尔弗·帕奇有下面一段论述：

“大家都不相信因果报应的法则吧！因为做好事就有好的结果，做坏事就有坏的结果，这样的事情不能及时而鲜明地呈现，所以大家都不相信。确实，在短时期内，这样对应的结果往往出不来，但是从10年、20年、30年甚至40年这样的长时段看，因果一定会对应。另外，仍有个别在今世因果没有报应的例子，但如果把我现在所在的世界（彼岸的世界）也包含在内的话，因果的对应一分一厘都不差。善有善报、恶有恶报，丝毫不差。因果报应的法则正确无疑！”

他说的是，从30年、40年这样的长时段看，大体上因果都能吻合。如果这么长时间因果仍不兑现的话，那么，到了那个世界，因果的账目还会算得清清楚楚，分毫都不差。

现在我们做的事情、想的事情，在几年后，还是几十年后不确定，但结果一定会出现，到那时再惊慌、再悲伤，悔之晚矣。我希望大家务必把这一条铭记在心，天天思善行善。

第十三章

关于人生试练

正如前章所述，因为人生由“命运”和“因果报应的法则”交织而成，所以，人生既有顺利的时候又有挫折的时候，释迦牟尼把这称为“诸行无常”。“因为无常所以痛苦”，意思就是人生因为变化无常，所以是痛苦的连续。

波澜万丈的人生，既有好的时候也有坏的时候，我把这些都看作是造物主给予我们的试练。换言之，适逢幸运也好、遭遇灾难也好都一样，都是试练。由于应对试练的态度不同，我们的人生也会随之发生极大的变化。

首先，我们来考虑一下，在遇到成功这一试练的时候，应该怎样应对才是正确的呢？

比如当获得让人羡慕的幸运和成功时，有人把这种幸运和成功完全看作是自己努力的结果，全部归功于自己，并认为那是理所当然的。更极端一点的人，甚至觉得自己本来应该更幸运、更成功才对。

但另一种人却态度相反，他们认为这种幸运和成功是靠周围的环境、靠别人的帮助才获得的。对于幸运和成功，他们内心抱着谦卑的态度："太珍贵了！这样的幸运和成功竟然落到我这个人的头上，真是太感谢了！"

前一种人以为是自己的能力带来了幸运和成功，而且该更成功才合理，所以他们一心想要得到更多的报酬、更高的名声和地位，他们的欲望更加膨胀、更加肥大化。在沉醉于成功的同时忘记了谦虚，傲慢起来。本来是谦虚和踏实的努力给他带来了成功，但是成功的结果反而让他失去了谦虚、懈怠了努力，骄傲自满，剩下的只有企图更加幸运、更加成功的膨胀的欲望。

失去了至今为止支撑幸运和成功的努力和谦虚，就同促使一切向善的宇宙的意志对立起来，没落和衰退当然就会降临到他的头上。好不容易到手的幸运和成功不能够维持，因为自己的思想变质而陷入了衰退没落的境地。

后一种人因为谦虚和持续的努力获得了幸运和成功，他对意料之外的成功心存感激。他由衷感谢周围的人，认为是他们给自己带来了幸运和成功，他不敢自己一个人独享成功的果实，而是与更多的人分享，与社会分享。同时，不因成功而忘却谦虚之心、丢掉踏实努力的作风，而是再接再厉、继续奋斗。对成功这一人生试练采取这种态度的人，他还能获得更大的幸运和成功，并能长期保持。

可见，当幸运和成功垂青的时候，我们抱什么心态、如何去对应，决定了我们此后的人生是上天堂还是入地狱。就是说，得到幸运和成功决不是结果，因为应对的态度不同，人生的结果将迥然不同。这一点极其重要，必须牢记于心。

另一种情况，是当事人“命运”的原因呢，还是“因果报应”的缘故呢？谁也不知道。但有一种人在遭遇灾难、苦难、困难这类试练的时候，经不起打击，或者愤世嫉俗，或者哀叹悲伤，或者发牢骚鸣不平，带着对社会的憎恨过日子。这种态度使他的人生更加暗淡无光。仅有一次的、珍贵的人生过得如此索然无味，实在是太可惜了。

另一种人与此相反，他们在遭遇灾难、苦难、困难这类试练的时候，不仅能够承受，而且为了克服这类试练全力奋战。他们相信眼前的困难是暂时的，到时候一个光明的未来一定会到来。他们乐观开朗，不懈努力，决不怨天尤人，决不牢骚满腹。他们从正面坦然接受降临的苦难，甚至把苦难看作锻炼自己意志的机会，因而心怀感激。他们积极开朗，踏实努力，勇往直前。结果，这样的人就能获得卓越的成功，迎来光明的未来。

由“命运”和“因果报应的法则”交织而成的人生，真是所谓“诸行无常”、“波澜万丈”的人生。一帆风顺、平安无事的人生并不存在。在这样的人生中，无论遭遇到苦难的试练还是幸运的试练，能不能始终保持谦虚的态度，能不能始终用积极向上的精神去面对、去处理，这就决定了人们是度过天堂般的人生还是地狱般的人生。

这种教训古已有之。在中国的古籍《尚书》中就有“满招损，谦受益”的警句。这句话不仅适用于个人，从国家层面上也完全正确。一个国家的政府和人民如果忘记了谦虚，危机也就开始了。

翻开日本的历史，这个事实洞若观火。明治维新以后，为了追赶欧美等先进国家，在“富国强兵、殖产兴业”的口号之下，日本人拼命努力，大约在40年后，在日俄战争中就打败了强国俄国，全世界为之喝彩。日本人因此尾巴翘到了天上，陶醉于幸运和成功之中。明明是“唯谦受益”，日本却失去了谦虚，大举扩军备战。大约又过了40年，日本在第二次世界大战中惨遭失败。

一片废墟中的日本开始反省，团结一致，共同奋斗，不久一跃而成为世界第二经济强国，成就了所谓奇迹般的经济复兴。在这个历史关口，我们日本人本来应该更加谦虚，应该把战后经济建设的成功视作试练，在谦虚的基础之上，更好地治理国家，决定经济政策。但是，日本又骄傲自大起来，许多大公司、大银行的经营者们，又忘记了战后几十年的谦虚、奋斗和互相帮助、互相扶持的精神。何止经营者，连一般大众也忘记了额头的汗水，开始追求投机获利，到20世纪80年代，大家都狂热地投资房地产和股市，促成了所谓的泡沫经济的产生。

傲慢的结局是泡沫经济的破裂，许多经营者乃至个人都尝到了“涂炭之苦”。买到手的据说可以升值4倍、5倍的土地房产的价格一落千丈，狂跌至五分之一乃至十分之一，因为负债累累，连本来根本不可能垮台的银行也破产了，一片悲惨境况。

其实，或许有很多日本人，在20世纪80年代以前就已经忘却了谦虚。安冈正笃先生早在1969年，在前面提及的《命运和立命》一书中，就以“忘却为人之道的技术和学问将陷人于不幸”为题，说了下面一段话：

“倡导科学也好、技术也好，讴歌繁荣也好，还有强调政治、经济的重要性也好，重视学问也好，所有这些东西，从长远的眼光看，其实都是不可靠的，也是难以衡量、难以评述的，这是因为人们忘记了在这一切背后的最根本的原理。脱离这个原理的技术或学问只会陷人于不幸。结果是：人只会被这些东西所摆布，被所谓的命运所操弄。但是，只要冷静地观察一下，我们就能发现，在这些东西的背后，都有严肃的法则或所谓‘道’的存在，这才是最为重要的。离开这个法则，不循道而行，我们就无法找到任何可以依托的东西，必将无所适从。进入20世纪后半叶，这种感受越来越深切。

“学问的真正目的，在于探求现象背后的本质，也就是求道，就是研修‘心学’，换言之，归根到底就是要掌握‘修己治人’的学问。”

战后经过24年，日本人开始傲慢懈怠，安冈先生当时就已经看出这种倾向，并提出了警告。我想事情就是这样。

“荣枯盛衰乃世之常态。”忽而谦虚，忽而傲慢，这样的现象反复出现，不仅发生在日本，环视世界，无论中国还是欧洲，国家兴旺就生傲慢之心，因而没落。经过反省，谦虚起来，国家又开始繁荣。这样的历史不断重演。日本能不能摆脱现在面临的萧条，我认为，关键就在于日本能不能尽早意识到上述的原理，日本必须谦虚，日本人必须老实认真。

第十四章

关于烦恼和憎恶

在人的一生中经常有各种各样的烦恼。但是我尽力做到了不烦恼，而且也规劝大家“不要烦恼”。

我们需要深思熟虑，但却不需要烦恼。烦恼只会耗费精力和时间，有时甚至会损害健康，没有任何好处。

为了解决工作中发生的问题，我会思考、思考、再思考，一直到想通为止，但对策一旦确定，思考就告一段落。

为了不生烦恼，我会透彻地思考，思考到“不需要再思考为止”，之后就会采取“尽人事、待天命”的态度。这是很必要的。

然而，思考透彻并不等于一切问题都能解决。大概就是这个原因吧，有的人就会习惯性地烦恼不已。这样的人重要的是：自己下决心“不要烦恼”。

据我所知，这也烦恼、那也烦恼的人，多数是在确定对策之后，到结果出来之前，总是烦恼不堪：“能顺利吗？会失败吗？”但是，事情不会因为你烦恼，结果就会变好。既然箭已离弦，接着只能等待，可以做的只有“待天命”而已。

经过彻底的思考拿出的对策，最后是吉还是凶，不得而知。为不得而知的结果而烦恼，不是很愚蠢吗？这种烦恼没有意义。应该这么去想。

结果是吉，当然没有问题，皆大欢喜。但是，一旦结果是凶，就是失败了，人们又开始烦恼了。

例如，遭受的损失超过预想，但是既然木已成舟，就没办法了。所谓“覆水难收”，泼到地上的水已被地面吸收，收不回来了，再为它烦恼已毫无意义。

与其为了已经蒙受的损失一味烦恼，不如着眼于往后的工作，获取新的利益。那么做就不会再烦恼。所以结论是不去烦恼，就是摆脱烦恼最佳的方法。那么究竟怎么做才能“不去烦恼”呢？

第一，如果有空去烦恼，不如去干活，付出不亚于任何人的努力；

第二，要谦虚不要骄傲；

第三，要每天反省，反省同烦恼不同；

第四，要知足，活着就要感谢；

第五，不要老是考虑自己，而要更多地为别人着想，要具备利他之心。

拼命投入工作，以至没有烦恼的余暇，自己对自己说：“活着不就是幸福吗？你还企求什么呢？”这样来培养自己的感谢之心。这么一想，烦恼自然会消退。

人的消极情绪中除烦恼之外，还有憎恶、仇恨。例如家人被杀，亲属对杀人犯的憎恶、仇恨非同寻常。

我不是要否定人们的这种憎恨、这种难以宣泄的愤怒。对于孩子被杀的父母而言，对犯人的憎恨程度无以复加。因此，如果有人一定要问我：“对犯人该如何处置？”我会回答：判死刑也该。接受与罪行相应的惩罚，理所当然。但是，尽管如此，憎恨之心还是不要为好，就是说，受害者的家属和相关朋友对犯人的憎恨之情应该尽量抑制。

我这么说，也许有人会反驳："因为你不是当事人，才会说出这样的风凉话。"这种反驳固然有它的道理。作为非当事人的门外汉，多嘴多舌本身就是冒昧，这点我完全知道、非常清楚，然而，我依然认为不可有憎恶和仇恨。

不管多么仇视犯人，被杀害的亲人不会起死复生。不仅如此，憎恶和仇恨会带来可怕的反作用，它会伤害当事人的心，刻骨铭心地伤害，而且还可能严重损害当事人的身体。

每天发怒生气、愤愤不平的人，脸色会发紫发黑，看起来就很不健康。虽然没有具体的证据，但听说恼怒、厌恶、憎恨这类情绪，会让人体内分泌出某种不好的荷尔蒙。

心理状态影响身体健康的事情司空见惯。比如，众所周知，烦心事太多，会导致胃溃疡。耐得住胃酸、相当强韧的胃壁居然会穿孔，就是因为太过忧虑，而分泌出了导致弱化胃壁细胞的荷尔蒙。

让仇恨付诸东流吧！这句话或许说起来容易做起来难。但是，哪怕你恨之入骨，死去的亲人还是回不来。我想，为了让逝者的灵魂安息，“宽恕”是必要的。

如果说，人活在现世最重要的任务是提升心性，那么在人们的情感中，最纠结、最痛苦的，莫过于要宽恕那些不能宽恕的人和事。这同时也是最艰难、最重要的修行，或许是比被剥夺财产、名声这类试练更为苛刻的修行。但是，只要超越这种障碍，就能获得比任何修行都更有效的提升心性的机会。我们的心灵就会因此而进化，我们的灵魂就会充满光辉。

第十五章

关于逆境

在经历磨炼获得高尚品格的人物中，我最尊敬的人是西乡隆盛。在明治维新时代，包括大久保利通、山县有朋等在内，群星璀璨，人才辈出。但其中尤为突出的就是西乡隆盛。后来他虽然悲剧性地死去了，但一举扭转乾坤的维新伟业，正因为有了西乡才能成功，这么说并不过分。

西乡是鹿儿岛下级武士的子弟，小时候绰号“大草包”，意思是中看不中用。因为他虽然体形高大、目光炯炯，但却沉默寡言、不善言辞。他不是那种聪明伶俐、反应敏捷的孩子，所以大家不太愿意同他接近。

就是这样一个孩子长大以后成就了伟业。为什么西乡能够成长为伟人？当时德高望重、被誉为“名君”的萨摩藩主岛津齐彬对他的栽培，当然是一个方面，但他经历并克服了种种难以言状的苦难，才是更重要的原因。

例如，当时京都清水寺有一位名叫“月照”的和尚，因为参加了尊王攘夷运动，遭到了幕府的追杀，逃离京都，来投奔西乡。当时岛津齐彬已经过世，接班的藩主的父亲岛津久光掌握实权，他下禁令不许庇护月照。西乡被逼入进退两难的境地，他觉得自己对不起月照，为了竭尽挚友的情义，他决定与月照一同赴死，于是两人双双投身锦江湾的激流之中。结果月照死了，然而西乡却奇迹般地被人救起。不能保护前来投靠的友人，对于武士而言是屈辱；让朋友孤独死去，可自己却苟活于世，西乡也遭到周围人的非难。但西乡忍受了一切，顽强地生存下来。

西乡的秉性与岛津久光不合，又触犯了久光的尊严，因此被流放到奄美大岛和冲水良部岛。特别是在冲水良部岛，西乡被关进了一小间近乎露天的、只能席地而坐的牢房。所谓牢房，只有屋顶和四根柱子却没有墙壁，海风肆意侵袭，大雨时而泼洒进来。被禁闭于这种牢笼中的西乡却盘腿坐禅、沉入冥想。

不久，原本体格魁梧的西乡日见消瘦，看守他的狱官于心不忍，就在自己的家里设了个牢房，让西乡移居过来。据传西乡因此才活了下来。

饱尝如此辛酸的西乡，其人格器量越发宏大，正因为如此，尔后才能与幕府重臣胜海舟谈判成功，兵不血刃进入江户都城，平定了幕府。我认为，正是艰难困苦塑造了西乡的人格和伟业。

包括年轻时候在内、从未经历过苦难的人，不可能成就伟大的事业。可以说，古往今来没有这样的人物。只有克服了难以想象的艰难困苦的人才能创造伟业。

相反，出身名门，从小到大不知劳苦为何物，却能成就伟业，这样的人几乎没有。因为他们一旦遭遇苦难，很快就会灰心丧气，自暴自弃。

松下幸之助先生也一样，孩童时代就吃尽苦头，因为家道中落，刚刚九岁、读小学四年级的他，就被迫辍学去当学徒。但身处这样的逆境，松下先生不气馁、不哀叹，他积极向上、勤奋工作，博得了雇主的喜欢。这是个不畏逆境、诚恳、开朗、坚忍不拔、拼命工作的少年，就是这个少年，日后创建了驰名全球的“大松下”。

与松下相同境遇的孩子不在少数。孩子也会露出忌恨之心，他们会抱怨、会嫉妒：为什么有钱人家的孩子能上学，能吃好吃的食物，能穿好看的衣服？为什么自家却如此贫穷？但是少年时代就怀有忌恨之心、只会抱怨、只会嫉妒的人之中，能成大事者皆无。

虽然遭遇难以忍受的苦难，但是，坦然接受命运的安排，正视现实的处境，虽然做不到对苦难也表示感谢那么高的境界，但至少不要自卑，不要忌恨，在逆境中要忍耐、要坚强，积极开朗，努力奋斗，松下幸之助就是这么做的，所以他成就了大业。

古语说：“艰难困苦，玉汝于成。”还有“千金难买少年苦”的说法。虽说好逸恶劳是人之常情，但从长远目光来看，比起从小就养尊处优的人，年轻时经历困苦的人，在尔后的人生中，往往更能取得硕果。

从这个观点出发思考的话，现代的日本情况恰恰相反。刚才已讲过，多数家长都不愿让孩子吃苦，都在想方设法让孩子过得轻松、道路顺畅，但正是这种环境才催生了十七岁少年凶犯的出现。

在我们之前的那个时代，因为家庭穷困，为了帮助父母维持生计，很多人从小时候开始就拼命工作。到了我这一代，也有很多朋友从小就帮助父母做事。在贫困家庭中成长的孩子，几乎不曾有过穷凶极恶的犯罪事件。

不让孩子吃苦，对孩子的成长其实并没有好处，正好相反，为了磨炼人格，吃苦受累必不可缺。

西乡在冲水良部岛的牢狱中，苦读阳明学，修炼了自己的人格。关于修炼人格、提升心性，安冈正笃先生论述过“知识、见识、胆识”的说法，意思是必须分三个阶段来提升心性。

知识只要翻阅百科全书及各种辞典就能获取，没有必要死记硬背。哪怕填鸭式地灌输了许多知识，充其量也不过是知识渊博而已。重要的是把知识提升到信念、也就是见识的高度，才能一通百通。然而，即使再有见识，若不能实行，仍将一事无成。所以必须再将见识变成胆识。

这里所讲的胆识，就是伴有胆力的见识。这需要通过克服艰难困苦才能培养出来。所谓“胆子大”、“有胆量”就是指这种精神状态。西乡在冲水良部岛上培养出了这种胆力。

但是，即使达不到胆力那种高度，只要具备勇气，就能产生实行力。那么，什么时候才能心生勇气呢？实际上，在具备大义名分时，最能鼓起勇气。此刻我若不挺身而出，这个世道将会怎样？我若不拼命奋斗，这个公司将会如何？必须具有这样的使命感。

大义和志向不同，志向包含了自己个人的目标。所谓大义，不是利己的，大义必须置于远离自身利益的地方。

在大义中，有为社会、为世人的高层次的大义，也有为公司、为家族的贴近身边的大义，有各种各样的情况。大义能激励自己，鼓起真正的勇气，这种勇气会逼迫自己采取行动。

具备了胆力的人不需要刻意自我鼓励。但像我们这样的凡人，在向某个重大目标发动挑战的时候，就有必要树立起大义名分，借以鼓舞自己的斗志。

缺乏实行力的人，工作做不好的人，都有这样的通病："公司要我做这件事，做了对我自己有什么好处呢？要是成功的话，或许会加工资，或许会升职当上部长；但一旦失败了，那就惨了。"他们总是只从自己个人的利害得失出发思考问题，因此在他们身上就涌现不出付诸实行的勇气。

像这样，不能明确做事的大义，因而做不好工作的人不在少数。摆脱利己心的束缚，明确树立做事的大义，这点很重要。

第十六章

关于情和理

如果问我，在我心目中最受尊敬的人、最理想的人物是谁，那么在我脑海里首先浮现出来的，就是前面谈到的西乡隆盛。

明治新政府诞生以后，西乡移居东京，虽然领着高薪，却住在市井普通的民居中。家中只雇了一名女仆，西乡穿着粗劣的棉布衣服。是不讲究身份派头呢？还是不追求个人欲望呢？兼而有之吧，我认为他是一个无私的人。

“幕府可恶！”“封建割据制度太落后！”一批年轻的志士们拼着性命创建了明治新政府。但是在新政府身居要职的达官贵人们，却纷纷建豪宅，穿华服，身边有多名美妾侍奉，极尽荣华富贵。这些有功之臣们堕落了。

眼见一起革命的同志腐化堕落，身处新政府核心位置的西乡痛心疾首。“明治维新的目的，不是为了让自己飞黄腾达！”西乡发出了正义的呼声。同时他内心又充满矛盾和烦恼："自己做的这一切、为之奋斗的事业真的是对的吗?""让一部分人夺取了天下，享受豪华的生活，自己是不是被人利用了?"他们那样做可不对啊！西乡洁身自好，坚持自己的信念，坚持淡泊的生活习惯。

结果西乡与山县有朋、伊藤博文、大久保利通等人意见不合，因所谓"征韩论"而被迫下野。有私欲的人会执着于自己的名誉地位，西乡没有私欲，他干净利落，即刻回归家乡鹿儿岛。同西乡一起在新政府就职的年轻志士们也跟着辞去官职回到家乡。充满正义感的年轻人对新政府心怀不满，为了不让他们情绪失控，同时为了培养有作为的人才，西乡开办了私人学校。

这时候有一位萨摩出身的警官潜入鹿儿岛，遭逮捕审讯后，他坦认"此行的目的是刺杀西乡"。这个案件究竟是不是事实，直到今天还没有定论。但这件事引起了西乡所办学校的学生们的公愤，他们袭击了鹿儿岛的政府弹药库，夺取了武器弹药。明治政府得知以后，认为这是武装叛乱，于是派兵镇压。

当时的西乡正在大隅半岛狩猎，听到消息后飞速赶回鹿儿岛，本来他企图阻止年轻人鲁莽起事，但行动上却颇为消极，其理由至今还是一个谜。我想，一个原因是他对新政府已不抱好感；另一个原因与西乡的个性有关，西乡是一个特别情深义重的人。

如此了不起的一位铮铮铁汉，居然为情所困，直面那么重大的事件，不是用理智而是用感情做出决断，不免遭人诟病。但正如前面提过的，从西乡与月照和尚携手一起投水自尽这件事来看，我感觉到，西乡将“情”置于“理”之上，并非不可思议。

在我的印象里，实际上，在西南战争中，西乡的态度是消极的——“我也跟着他们干吧！”——他只是被动地跟着那些愤怒的年轻人。以桐野秋里为首的青年将校们冲在前面，西乡一次也没有出面指挥。曾在幕府末期到明治维新的历次战役中，充满智慧、擅长制定战略战术、指挥若定的这么个人物，这一次居然不做准备、不出任何主意、自始至终无所作为，只是默默地跟随着年轻人而已。

还有，许多因仰慕西乡的英名而从九州各县赶来的援军，那些对明治政府不满、义愤填膺的旧武士们，纷纷支持这次暴动。但却遭到了西乡的拒绝。由此看来，西乡并没有想要打胜这一仗的意图。这究竟是为什么？至今众说纷纭，莫衷一是。但据我猜测，西乡的行为源于他的深情超越了理性。

关于这个“情”的重要性，还在我读旧式初中一年级时，就接受过强烈而深刻的教育，直到今天仍在我心中留下了烙印。

例如，关于什么样的人品质最恶劣这样的问题，当时担任“修身”课的老师这么教育我们：

“一个小偷见某家没人进去行窃，此时恰巧主人回来了。小偷原来以为有机可乘，想偷点东西。一见有人回家，本该逃之夭夭，但他却挥起厨房里的菜刀，从小偷一下子变成强盗，这种人是人渣，最为可恶卑劣。”

当时，老师还提过一个问题，我至今记忆犹新。“有亲友因一时冲动杀了人，跑到你这里：‘我刚才杀了人，你救救我吧！’慌慌张张跑来求救，这时候你该怎么办？”

因为已是初一的学生，大家觉得自己已明白事理，所以一致回答：“应该对朋友晓之以理，劝他主动自首。”但老师却认为这种态度不对：“既然是亲友来求你，你即使犯窝藏罪也应该庇护他，这才叫亲友！”

这种观点在当今时代或许已经行不通，但当时的老师，却把这种做人的义和情，作为道德教给学生。我认为，老师教的正是西乡隆盛的行事准则。

西乡充溢着义和情，他是我心目中偶像式的人物。但是现在，如果有人想只靠感情来打动我，我不会接受。从这个意义上讲，我或许有点冷酷。这是因为在京瓷创业后不久，我就意识到：“虽然西乡式的情义在我心中占据中心地位，但是，经营事业却必须具备大久保利通的理性和冷峻。”

我最初就职于松风工业，在二十五六岁的时候，我就立志要成为一个人格完美的“完人”。但实际上，当自己开创事业的时候，我才明白，所谓理想的“完人”，必须把由情感驱动的西乡同由理性驱动的大久保，两者结合起来才能成功。所以我就开始向大久保学习。

当我回到家乡鹿儿岛，说起“我们需要大久保的理性和冷静”时，人们往往皱眉，不予认同。但我认为：“稻盛和夫要成为将大久保利通和西乡隆盛两者品质融合在一起的人。”我就是这么一路走到今天。

开展事业的时候如果依感情判断、凭感情行动，势必乱套，以致不可收拾；如果依感情判断，再凭理性采取行动，仍会走错方向；那么依理性判断、凭理性行动又会怎样呢？结果是谁也不愿追随。

我认为，在事情的开始阶段，必须用理性思考。在实际执行阶段再融入情感因素，这才是恰当的做法。

但这么做，我自己并没有特别地留意，后来经常会听到部下这么讲："那个时候，稻盛社长突然出现，讲了这么一番情深意切的话，这才救了我。因此，社长虽然严厉，我还是愿意追随他。"因为我已经完全没有印象，听部下这么讲，我甚至想"我讲过这样的话吗？"大概那都是我无意间说出的话吧。我想，仅仅用心机、仅仅用理性，哪怕是夸奖对方，他也不会感动。而不经意间为对方着想、说了动感情的话，对方才会欣然接受，心悦诚服。

只重感情的人，在私人交往时或许很愉快，但如果一起共事，难免会常常吵架。

例如，有位好友来求助，说是"资金周转一时困难，请你帮帮忙"。因为他为人不错，我就充当了他的贷款担保人。这时候周围的人都夸我够仗义，讲友情，乐于助人。但是，在某种情况下，评价却会一落千丈。比如，此人的公司因借款太多破产了，作为担保人，我自己也因此背上了沉重的债务，跟着倒了霉，周围的人马上会转口说我傻，没人再夸我乐于助人了。

还有，他来借钱时，出于同情借给他了，他会说："你真是个好人！"但此后他又来借，如果你拒绝他："这次不借了。"此人因为上次借到了，因而感谢你。而这次没借到，他就会忌恨你。这就是人，就是人之常情。而且，因忌恨造成的感情上的裂痕，其伤害更大。

我认为，与其后来拒绝，不如一开始就断然拒绝。还是应该遵守先理性后情感的顺序，不可颠倒。我会有这个观点，原因之一，或许是从小在家里就学到了。我父亲是一个不爱说话、但很理性的人。而母亲相反，很容易动感情。每当母亲感情用事时，父亲常常会加以斥责。

比如，"孩子他爸，有家乡的亲戚来了，提出了这样的要求，我觉得不错，所以我想答应他"。每当母亲这么说时，父亲会说"等一等"，并要求母亲做进一步的说明，然后做冷静的分析，指出"这样做不妥"。

就母亲而言，既然是亲戚上门要求帮忙，

就没想到要用理性思考，而是感情优先。而父亲通过冷静分析来说服母亲。可以说，母亲有点西乡的性格，而父亲的性格则倾向大久保。经常看见父母之间你来我往的意见争论，这情景对我的性格形成，其实影响是很大的。

第十七章

关于勤奋

作家内村鉴三先生在其所著《代表性的日本人》一书中，谈到了二宫尊德的故事。

二宫尊德只是一个农民，既没有学问又没有财产。16 岁时父母双亡，被寄养在伯父家里。作为一个佃农，他从早到晚辛勤劳作，只有夜里可以支配自己的时间。他渴望学习，挑灯夜读。但伯父却责骂他浪费灯油。他无法在夜间读书。尽管如此，尊德却不愿放弃学习。凌晨披星夜间戴月，拼命在田间工作，他在上山砍柴割草的路上坚持学习。

成年后的尊德，凭借不懈的努力和节俭的生活积攒下来的钱，重新买回了失去的家屋和土地。在农业耕作上做出了杰出的成绩。听说他的事迹后，庄园主们纷纷前来请他帮助，他把一个个贫困的村庄变成了富乡，从此名声大震。到了晚年，德川幕府委任他兴修水利、复兴产业。当他和大名诸侯那些高官们一起在宫殿上朝时，他的举手投足、言谈举止竟是那么高贵典雅，以致让人误认为他出身于豪门贵族。

这个故事说明了什么呢？作为一个普通的农夫，二宫尊德并没有接受过正规的礼仪方面的教育训练，只是一把锄头一把锹，每天从早到晚在田间劳作。但却因此把自己的心灵磨炼得如此清澈。就是说，人通过拼命工作，不仅可以得到生活的食粮，而且可以磨炼自己的心灵。

通过劳动可以“塑造人的心灵”这个事实，我认为，对于现代的日本人而言，特别重要。

战后，日本社会确立了对于劳动的价值观，就是“提供时间获取报酬”。换句话说，劳动不过是换取金钱的手段而已。

然而，劳动本来的意义，并不仅仅是为了取得报酬。特别是在贫穷的时代，干活、勤奋工作就意味着抑制自己的欲望——想休闲、想偷懒、想玩乐这样的欲望。克制这类欲望，作为结果，就是锻炼自己的心志。

但是，现代社会物质富裕了，为了获得生活食粮而劳动的必要性消失了，不勤劳也能过得去，打零工也能吃上饭，所以不愿意受到约束，不愿意进企业上班的所谓“自由职业者”似乎生活得更为洒脱。更极端的现象是，因为靠啃父母的老骨头也照样能生存，所以高中毕业后不肯就职的年轻人大幅增加。

许多过了 20 岁的年轻人还待在家里“当食客”，无所事事。在这种状况下，恶性犯罪事件就会层出不穷。我认为，这些人从来没有通过劳动磨炼过自己的人格，这就是犯罪的原因所在。

佛陀在“六波罗蜜”中强调了“精进”的重要性。我也把认真工作理解为“锻炼心志、塑造心灵、达至开悟的过程”。就是说，辛勤工作的人不仅可以获得生活的食粮，而且能够抑制自己的欲望，锻炼心志、净化心灵。劳动具有如此重要的功能。正因为忘记了这一点，现在的社会才会混乱，才会荒芜。

但是，既然时代变了、社会变了，再“回归从前”显然行不通。所以，应该如何弥补富裕社会中丧失的宝贵品德？这是我们必须认真思考的。

确实，在贫困的时代，为了维持生计，人们不得不认真劳作。但劳动的意义如果仅仅是为了吃饭，那么到了富裕时代勤奋的意识就会逐渐淡薄，因此我们就需要找出与过去不同的新的“劳动的意义”。

前面已经阐述过，劳动的目的不只是为了吃饭，劳动更重要的功能就是为了塑造人们的心灵。大家一齐努力工作，就能够塑造心灵，就能够造就品格高尚的人。我认为，对劳动的意义做这样的“再定义”就可以了。

还有一个关于劳动的本质是什么的问题，我认为也有必要重新认识。

有些学校的老师给学生灌输“劳动是罪恶”的观念，这也是一个问题；日本的厚生劳动省一味想要缩短工作时间这也是个问题；法国规定一周只能工作35个小时，也引起了日本国内议论纷纷。我想，他们认为以尽量少的工作时间获取尽量多的收入，那是为了劳动者的利益。但这样做的结果不正是促使人们走向堕落的原因吗？

或许是机械唯物论的理论吧，就是只把人等同于物品、等同于机械。我认为这是错误的。我在前面讲过，佛陀劝人“精进”，由此净化自己的心灵。我认为，就应该从这一点中找出工作的本质，找出工作的真正的意义，这对人来说才是合乎自然的。

基于这样的观点，大家都努力工作，把工作的一部分成果用来支援贫困的国家，这就是释迦牟尼倡导的“布施”。即使不能直接寄送，也可以通过政府开发援助机构（ODA）进行援助。从物质上帮助世界上众多贫苦的人们，这就是救人助人，是最高贵的慈悲的行为。而且因为致力于“布施”，更是两倍三倍地提升了“劳动的价值”。

同时，像这样，用自己勤奋工作得来的成

果来帮助别的国家，我认为对于自己国家的安全保障而言，这比获取任何军备、缔结任何条约都更为有效。为什么？因为谁也不会去侵略一个充满关爱的、慈悲为怀的民族。如果做到这一点，这个民族的人民无论走到哪个国家，都会受到尊敬。我衷心希望日本能成为这样的国家，这也是21世纪日本应该追求的目标。

第十八章

关于宗教和死亡

“你信仰哪种宗教？”当问及这个问题时，许多日本人回答说“我没有宗教信仰”。这给人一种错觉，好像不信宗教很了不起似的。

我想，日本的知识阶层以无宗教信仰为荣，那是明治维新之后的现象。明治以后，日本快速迅猛地引入西方文明，当时，最推崇的就是科学的合理性和逻辑性。当时明治政府极力否定迷信，否定各类神话传说。为了落实科技立国的方针，需要国民信奉符合逻辑的思维方式，采用高效合理的方法来推动事业的发展。

因此，在明治以后的学校教育中，一切所谓“非科学”的东西都遭到了强烈的否定。然而，一直到江户时代（1603—1867 年）末期，无论是神社还是寺庙，都有专人传授神佛的旨意。“某某神社的宫司能够听闻神灵的开示”、

“某某寺院的高僧具备神奇的通灵能力”的这类传言，为坊间百姓所津津乐道。但是到了明治时代，信仰神佛的灵验、传递神佛的旨意的人遭到了否定，被贬斥为“迷信”。而能够否定这种“迷信”的人则被尊为知识精英。这么一来，无法用科学来解释的宗教也被视作了迷信。其结果，日本人开始觉得没有宗教信仰才是一件值得夸耀的事。

本来，在明治以前，人们并不会问及对方的宗教观，也不会刻意去思考宗教，因为当时的人们把对神佛的朴素的信仰当作是理所当然的事。

我曾监审过《地球交响曲Ⅱ》这部电影，电影中的演员佐藤初音女士日前邀请我去她家做客。她家位于岩木山的山脚，岩木神社在半山腰，去神社的路上连续耸立着几个木制的拱门，非常壮观。在这个北方贫穷的山区，这样的大拱门居然有好几个。这说明附近的居民具有强烈的信仰心。听说直到现在，在举行祭典的时候，邻乡邻村的人们还会在那儿聚集。

岩木山被称为“津轻富士”，就是津轻的富士山。在广阔的津轻平原上忽然耸立起一座高山，非常突兀，那高山峻岭让人感受到神的存在。我想所谓“山岳信仰”就是这么产生的。

因此，并不是说日本原来就有神社、神道乃至宗教，日本人信仰的核心，就是包括“山岳信仰”在内的那种土生土长的宗教。即使不刻意用“宗教”二字，人们持有信仰之心却是普遍的事实。

包括这种本土信仰在内，无论西欧、亚洲或日本，宗教之所以力量强大，就是因为人类在自然界生存时需要宗教给予精神的慰藉。人类既无坚实的皮毛保护身体，也没有利爪尖牙来做进攻的武器，体格也不够巨大，可以说人类是生存能力薄弱的动物。

肉体虚弱的人类要在变动剧烈的大自然中生存，恐怖之心异常强烈，置身于充满威胁的自然界，人们自然会寻求宗教的帮助，宗教应运而生。就是说，人类要在严酷的自然环境中生存下去，宗教是必不可缺的精神力量。

但是千百年来，人类依靠自身的智慧，接二连三创造了各式各样的东西。原本只具备脆弱肉体的人类开发出了先进的科学技术，甚至开始拥有支配自然的力量。

这样，人类就消除了对于自然界的恐惧之心，人类不必再求助于宗教，信仰宗教的必然性消失了。

然而，正因为从生存的危险中解脱，不再需要求助于宗教，现代人的心中突然出现了空洞和空白，这种空白感、空虚感日趋严重，而且找不到可以填补的东西。

因此，据说在年轻人中找狐仙、玩塔罗牌占卜乃至对新兴宗教产生兴趣的人越来越多。表面上在否定迷信，但另一方面，为了填补心灵的空虚，人们又会被神秘的事物所吸引。

我和许多知名学者都有亲密的交往，其中包括自然科学在内的各个领域的所谓“第一人”。他们在50岁前后往往强调自己“不相信宗教”，但过了70岁他们的态度就变得随和，不再竭力否定神灵的存在，有人甚至会说："我觉得我已经能够理解宗教所描述的精神世界了。"

但是最后未能归依宗教的人还是占了多数。他们如何安心立命，如何填补心灵的空洞呢？正当我在寻思、在观察的时候，社会上又出现了一种"新的宗教"。

"死亡就是肉体的消灭，一切都归于无，包括我自己在内。"这种论调让人似懂非懂，这是唯物论的思想，是不信宗教而衍生的说法。他们把死亡归结为"无"。

人活着会有许多烦恼和痛苦，但死后一切消失，全部归零，因此，有什么可担心的呢？本来一切都是无中生有，有又归于无。肉体消灭了，我自己也不存在了，想到这点，或许会有一丝惆怅，但我不过同大家一样，都是归零而已。如果这样想，也算是一种达观。

这样"看破红尘"的人，濒死之际就不会惊慌。从这个意义上讲，它也是某种形式的宗教，姑且称之为"无的宗教"。"我死之后，请把我的骨灰撒入我曾经想去的那个大海!”这种“散骨”的现象就是出于“死即归无”的思想。一切存在都将归零，持这种论调的知识精英正在不断增加。

我认为，人死后的灵魂的世界遭到否定，这正是宗教在日本衰落的原因。

明治维新以来，灵和魂都被当作了迷信，死亡的意义只限于肉体的消灭。肉体之外的心和灵魂并不存在，肉体的死亡意味着包括灵魂在内的一切都归于零。

因为否定了灵魂，结果导致人们对死亡的认识也发生了变化。现在的人类对于死亡的意识几乎都集中在人死亡瞬间肉体的痛苦，以及对于这种痛苦的恐惧。

然而，以往的宗教却相信生命的永恒，虽然道理不那么清晰。“我即将迎来死亡，死后将会怎样呢？我祈求圣母玛丽亚救我帮我。”“请菩萨拯救我吧。”希望在死后的彼岸获得救助。就是说，对于过去时代的人们而言，“死后自己会去哪里？结果将会怎样？”这种对于死后要去的世界的担忧和不安，才是对于死亡的恐惧。

这一点无论是基督教还是佛教都一样。在罗马西斯廷大教堂里有一幅米开朗琪罗的画《最后的审判》，画面描绘了人死后或去天堂、或去地狱的场景。在日本的戏剧中，比如在能剧和歌舞伎中，有许多死后灵魂的再现，甚至还有“生灵”，就是人活着，灵魂却脱离肉体出来活动的情景。

在当时的现实社会中，灵魂的存在是被普遍认可的。但是，在那时活跃的灵魂，所谓的魑魅魍魉，到了否定迷信的近代社会却逐渐消失了。

然而，到了今天，有许多人感觉到了心灵出现的空洞。其中一些感性非常敏锐的人，又开始提出：“或许真有灵魂吧。”这种感性催生了描绘恐怖世界的电影和戏剧，促使年轻人走近新兴宗教。这就是现在的社会状况。

我认为，这种现象不过是对全面否定灵魂的一种反动而已。

我是相信有来世的，我认为人死之后并非一切归零。但如果问我：“死后的灵魂何去何从?”我只能回答“不知道”。尽管不知道，但我仍然相信人有来世。

不过，我相信的所谓“来世”，却不是一般人所说的地狱或天堂。地狱、天堂只是诱导芸芸众生言行向善的宗教概念。而我的“来世”观念，基本点就是“灵魂不灭”。

比如，稻盛和夫的灵魂，在这个现世，为提升心性，经历了种种磨炼，不久我会死去，死后去了那个世界，我想还会继续同样的修行。

那是什么样的修行，我不得而知，或许要经历各种折磨，来校正我的秉性。总而言之，到了那个世界，还要继续努力提升心性。然后，轮回转生，借助某个人的身体回到现世，重新开始修行。

最后，当我们的心灵到达释迦牟尼的水准，也就是提高至“开悟”的境界，轮回转生就告一段落，就不必再回归现世。这就是我的想法。

纯化心性、净化灵魂，将它变得更加纯粹、更加美丽，这一作业，我认为就是我们人之所以生于现世的目的。就是说，我相信，所谓“现世人生”，就是神灵为了把我们的心性提升到更高境界而赐予的一个时段，就是磨炼灵魂的一个道场。

当我们离开现世进入来世时，我们所能携带的只有灵魂，财产、名声等只能统统放下，也没人陪我们同行。单独一个人死去，虽然寂寞，但我们必须孤身踏上新的征程。那时候，我们可以佩戴的勋章，就是一个更美丽的灵魂，一颗更光明的心。

在宗教的画面影像里，凡有天使出场，总是伴有耀眼的光彩，圣母玛利亚出现时更是光芒四射。还有，在佛陀的背后也有光圈照射。我觉得，用光明来表达灵魂非常贴切。因为我认为，我们凡人也一样，只要磨炼自己的心志，我们的灵魂也会闪耀光芒，异彩缤纷。

第十九章

关于共生和竞争

远在狩猎采撷的时代，在人类文明开化之前，我们人类是具备强烈的共生思想的。

所谓共生思想是指什么呢？按照我的理解，关键的一个字就是“爱”。“爱”有两个方面，一个是“他爱”，就是包容世间一切事物的、普遍性的“爱”；另一个就是“自爱”。

共生的思想建立在普遍“爱”的基础之上，这种思想之所以产生于原始的人类社会，那是自然界教化的结果。就是说，如果只强调自身利益的“自爱”膨胀的话，就会加害于他者，结果是导致自己也灭亡。人类从大自然中学到了这一点，比如后面将会论及的烧荒农业，如果人们只顾眼前的收获，烧毁的森林超过了它的再生能力，土地会逐步失去肥力，农作物的产量会急剧减少，人们必然遭受饥馑的威胁，太过“自爱”的报应会落到人类自己的头上。

人类在自然界生存过程中学到了这一条，所以原始的人类就会很自然地去实践“共生的生存方式”。

观察整个自然界，基于普遍之爱的共生现象确实存在。但其中也有自爱强行抬头的情况，比如由于环境的变化，蝗虫异常繁殖。蝗虫把周边的草木统统吃光，并以横扫一切之势飞渡几十公里乃至几百公里，凡过境之处寸草不留。结果它自己也无食可吃，全部死光了。像这样“自爱”的膨胀，甚至会导致它的种群灭绝，过度的自爱必将招致自身的灭亡。

那么，“竞争”又是如何产生的呢？人们不禁会提出这样的问题。

原本自然界中充满着普遍之爱，因此“共生”是大自然的基本形态。在这个共生的框架之内，各种各样的动植物在严酷的自然环境下努力求生存，基于自爱拼命生存下去。实际上，这种拼命求生的情形，结果自然就产生了与周围动植物竞争的结果。

各类动植物并不是自己主观上想要竞争，才产生了竞争。在原本被普遍之爱包容的共生的自然环境中，每一种动物、植物不过是为了保护自己，基于自爱而拼命求生而已。但是，越是这样，作为结果，就与附近同样在追求生存的物种之间发生了竞争，继而出现了竞争落败者灭亡的现象。

这并不是说某方有意识地去消灭另一方，而是某方为求自己的生存而拼命努力，其影响所及，使得生存努力不足的一方衰落下去。这就是所谓“适者生存”。为了表达自然界的残酷性，人们常常使用“弱肉强食”这个词汇。但我认为，在动物的世界里，从表面上看来似乎存在这种事实，但不管怎么说，“适者生存”才是自然界最基本的法则。并不是谁有意识地去要消灭谁，而是某一方因为不适应环境变化而自己没落、自我淘汰，这才是自然界的真实情景。

确实，在动物世界里，有的动物为了满足自爱，为了让自己生存，而猎杀别的动物。但是，即使在这种场合，动物也只进行自己生存所需要的最低限度的杀生。这是因为如果自爱过度膨胀，杀生过多，自己也将无法生存。乍看之下似乎是凄惨残酷的生存竞争，但因为只取自己生存所必需的最低限度的量，所以看到这种现象，我们就能明白，自然界确实是由共生主宰的。

自爱是必要的。缺乏自爱就无法维持自己的生命，为了生存必需的自爱乃是天经地义的事情。但是，归根结底这种自爱应该纳入共生的范围之内。

这同前面所讲的自由具备两面性一样。人类手握自由，从某个角度看，自由非常珍贵。但从另一方面看，自由又是作恶的根源。

善和恶也一样，它们并不是本来就有的，它们同根同源，都从爱开始。因为爱的用法不同，或生出善、或生出恶。从头到尾围着自爱打转，势必作恶；为他人着想的爱开始觉醒时，就能为善。善恶的界限，就在爱自己的“爱”和爱他人的“爱”的中间。

自然界充溢着普遍性的爱，作为整体而言，处于万物共生的状态。这是因为只求自己繁荣，必将使对方破灭，结果将来自己也必将疲弱，自然界明白这个法则。因此，佛教所讲的"知足"的思想，乃是将共生付诸实践的关键性词汇。

企业竞争也一样，也需要普遍性的爱。

为了维持自己的企业，为了让企业繁荣壮大，首先必须有保护企业不受侵犯的"自爱"。但是，在它的根基里，不可缺少为普遍之爱所包容的共生的思想。如果在企业经营中只是一味考虑企业自身的利益，其结果就是客户因不能获利而离去，经营就会走进死胡同。最后，员工的生活、股东的利益都无法保障，企业自身也不能继续生存。片面地要让自己的企业变大变强，这种自爱过分强烈的话，企业将无法生存。

为了不发生这种悲剧，企业经营必须让客人、员工、股东等企业周围的人都高兴。在自爱的同时，对他人之爱的"他爱"无论如何都是必须的。

如果某个行业或者某个企业自爱过分强烈、过分突出的话，就会破坏整个社会的协调和谐。

为此，在现代社会里，为了防止一个行业、一个企业的力量过分强大，特地制定了反垄断法这部法律。这是将共生的思想法制化，将共生思想植入现代社会。这就是我的解释。

因此，企业必须考虑长期稳定地雇用员工，同时也应该考虑相关交易对象的繁荣。

如果维护员工的生活是普遍之爱的话，那么关照交易企业的利益或者支撑经济的发展也是普遍之爱。从企业活动获取的利润中交纳税金，让社会有效使用，另外通过捐赠等方法为社会做贡献，这些也是普遍之爱。企业必须与社会共生才能持续生存发展。

确实，企业间互相展开竞争，作为结果，竞争对手或许会破产。但是正如前文所述，这不过是“适者生存”的竞争法则发挥作用的结果而已。首先必须为了自己企业的生存发展拼命努力。这看起来或许是自爱太强，但这也是自然界的天理。

但是，也不能借口共生，由政府和行业出面，采用所谓“护送船团方式”（为了让因经营问题而陷入困境的企业可以继续生存，日本行政官厅通常会出面干涉，以保持这一行业的稳定。——编者注），让全行业所有企业都能顺利地生存发展。这种做法对该行业或许有利，但一定会给消费者和一般大众带来巨大的损害，决不能说这是符合共生这一普遍之爱的正当行为，它不过是满足某一行业私利的行业本位主义。

我的思考是：为了共生必须竞争，同时为了竞争又必须共生。

举个例子来说明，在国道的路旁只开了一家拉面店，客人很少光顾，不久便倒闭了，这种现象不少见。但是，周围一连开了几家面店，客人不断增加，每家店都生意兴隆。这是因为各家面店互相竞争，味道好吃了，价格下降了，各店都繁荣，结果就形成了共生的局面。相反，只想自己一家独占市场，旁边有竞争对手出现就设法阻挠，结果因缺乏竞争，服务上不去，品质上不去，客人不来店，自己也只好关门大吉。

竞争也好、共生也好，本来就是以承认对手的存在、承认多样性为前提，才能成立的。而且只有共生和竞争同在，才能促进整个社会的繁荣。

第二十章

关于知足

被誉为灵长类动物研究第一人的已故伊谷纯一郎先生是京都大学的教授，我曾有机会听他讲过下面一段趣闻。

为了对黑猩猩进行生态研究，伊谷先生曾深入非洲的山区，滞留了好几个月。当时他曾到过原始狩猎民族聚居的村落。

在这个村落里，凡外出狩猎时，部族的男子一齐出动，各持弓箭，只要有人捕获一头猎物，当天的狩猎活动就告结束，众人一起回到村落，然后将猎物切割，大家一起分享。

首先，那位捕获猎物的男子分得最好的一块，拿回自己家里。接着，按血缘的亲疏，比如父母、兄弟、表亲的顺序，分割战利品，当然越到最后，分得的肉片就会小一些。

见到这种情景，伊谷先生抓住一位部落成员，问道："你分到的量不是太少了吗？捕到一头猎物之后不要停手，再捕一头，让大家都饱餐一顿不是更好吗?”

“不！这是村落的规矩！不能多捕，不管是谁只要捕到一头，当天的狩猎必须停止。这是很早以前就定下的规则。”他这样回答。一天决不捕捉超过一头的猎物。

伊谷先生分析说，如果听凭自己的欲望多捕滥杀，不久必将招致野生动物数量的减少，到时自己的食粮也会发生困难。原住民们从本能上明白这个道理，所以他们决不在超出野生动物再生产的范围之外捕杀猎物。

另外，伊谷先生讲到在黑猩猩的社会里居然也存在同样的现象。猩猩是杂食动物，通常吃树上的果实之类，但有时也会成群结队来到地上，捕猎并食肉。它们用腕力或手握短棍击打小型动物，当击倒一头时，其他的猩猩立即停止狩猎，聚拢到击倒猎物的猩猩身边，将肉片分而食之。

就像这样，无论是原始的狩猎民族还是黑猩猩，为了自己的生存，他们都在抑制自己的欲望，力图与自己周围的环境“共生”，他们具备这样的智慧，换句话说，抑制自己的欲望反而是自己生存下去的条件，他们懂得这个道理。

在非洲还有一种原始部落是通过烧荒农业来维持生计的。

那里的人们喜欢社交，当伊谷先生走近他们时，他们招待伊谷吃饭，热情款待。这个部落的酋长说，不久前法国的考察队在这里逗留了好几天，也同样招待他们，结果自己的粮食却不够吃了。

伊谷问他们：“一年打多少粮？”他们回答说：“只种植部落的人一年要吃的量。”伊谷又说：“那么让访问者吃了，肯定就不够了。稍微多生产一点不行吗？”“那可不行！”酋长答道：“部落之神不允许。”

所谓烧荒农业，就是通过放火烧毁森林使土壤肥沃，然后开垦种植，收获芋类或谷物。因为不使用肥料，连年耕作后土地渐次贫瘠，产量逐年减少，于是放弃这块土地，在别处森林放火烧出良田。如此反复，借以确保获得肥沃的土壤。

比如，把某个部落周围的森林十等分，顺次烧荒然后分别耕作十年，于是等再次开垦最早的那块土地时，已经过百年，森林已茂盛如初，烧毁的森林又能获得沃土，可以再次获得丰收。

但是如果不这么做，为了得到更多的粮食，而烧毁比平时更多的森林，短时期内的确可以收获更多的粮食，但从长期看，将有更多的土地变得贫瘠而不能耕作，饥馑必至。所以对原住民而言，即使现在饿肚子，也决不会在超出森林再生能力之外去烧林造地。

说到一百年后，就是三代以后的事情，就是说，为了曾孙一辈的生活，他们制定了严格的规则，哪怕自己挨饿也严格遵守这一规则。据说，看到原住民的这种生活态度，伊谷先生敬服不已。他们没有科学知识，也许不懂得什么原理，但“共生”的生存方式，作为遗传基因已植入他们的血肉，代代相传，生生不息。

为了促使森罗万象、一切生物万世永生，需要知足，需要抑制自身的欲望。就是这么一个原始的村落，却在忠实地践行这样的生存方式。

反过来看，科学发达了，享受着富裕的生活，我们这些先进国家的人们又是怎样呢？蔑视自然，迫不及待，汲汲于追逐不断膨胀的欲望，就是这样，无论何时还永不知足。

我们日本人已经足够富裕了，应该知足了，应该更多地考虑地球环境的问题了，应该考虑如何帮助发展中国家脱贫致富了。

具备这样的“共生的思想”，不仅可以使我们每一个人的人生更加丰富多彩，而且如果让更多的人共有这种思想，我坚信，一个不仅物质富裕而且精神富足的社会一定能建成。

第二十一章

我走过的人生道路

我在孩童时代就读到了新宗教团体“生长之家”发行的书籍。

当时我13岁，患上了肺结核，面临死亡的威胁。我的叔叔、叔母都在那时因肺结核相继过世，邻居中就有流言：“稻盛家都患结核是前世作孽，或许全家都会死光。”我觉得自己可能也会这么死去，情绪十分低落。

这时候，邻居家的太太借给我一本书，是“生长之家”的创始人谷口雅春先生写的《生命的实相》。

书中写道：“心中描绘的事物，会作为现象呈现。”书中用了“心相”这个词，意思是一个人的意识状态，会原封不动地在这个人的身边出现。

自己周围发生的各种现象，不过是心中描绘的景象在现实中的投影而已。就是说，人生的一切不幸，包括肺结核在内，都不过是自己的内心在现实中的反映而已。读到这些话，我感觉矛盾和迷惘：“我没有坏思想，内心无愧啊！为什么会患上肺结核呢?”尽管不理解，躺在病床上，我还是拼命努力，在内心描画善念。

同时，我认真思索所谓“善念”究竟是什么?“为社会、为世人”做贡献——这就是善念的最高境界——在我幼小的心灵中产生了这样单纯的想法。

人就应该具备这样的思想境界——我的思维到达了这里。心怀善念，好事就会发生；心怀恶念，坏事就会发生。既然如此，人就应该怀善念、想好事。不！必须有意识地尽最大努力去思善行善。

直面死亡，内心充满难以言喻的恐惧，正是这个时候我理解了“生命的实相”。书中的观念陪伴我一路走到今天。在这过程中虽然经历过升学考试的失败和求职的失败，但不可思议的是，我从来没有怀疑过书中的上述“教诲”。每当有坏事发生，那是因为自己的想法有错——我就这么去思考。

当然，因为是人，总会有烦恼。如果放任不管，“只要自己好就行”的利己心就会冒头。但是，因为从小时候开始，我就竭力让自己心怀善念，这才让我有了今天这样的结果。

打个比方，在自己的心中设置“另一个我”，每当有自私任性的念头冒出，“另一个我”就会提醒自己：“请等一等，这不对劲啊！可不行啊！”“应该怀善念、想好事呀！”

感觉上就是“另一个我”抑制了“任本能冲动的我”，有意识地发挥这样的抑制作用，结果才造就了今天的我。

但是，回首往事，各个时期“善念”的强弱浓淡的程度仍有所不同：患肺结核时“思善”的念头相当强烈，一直延续到中学时期，但渐渐有所淡化。进大学前自由奔放的一面强了一点。

上大学以后，“善念”又有所增加，踏入社会后一如既往，“必须心怀善念！”我一直坚持这个信念。

进入社会后不久，我就开始亲近佛教。因为小时候读过“生长之家”的谷口雅春的书，他的思想受佛教的影响很大，所以我接近佛教没有任何心理障碍。

“必须心怀善念！”在每天的生活中我都这么想。因此踏入书店，我的手就会很自然地拿起跟佛教有关的书。佛教书中的内容与谷口雅春的思想吻合，所以我读得进去，没有抵触排斥的心理。

我于 1997 年剃度出家，皈依了佛门，这件事同我认识的一位长老有关。

京瓷创业之初，我得到了西枝一江先生的帮助，当时他担任宫木电机公司的专务董事，他是京都府八幡市圆福寺长老的亲戚，年轻时就常去圆福寺与长老饮酒（所谓般若汤）聊天。因为这层关系，西枝先生当了圆福寺的监护人。后来这位长老的继承人在土地买卖上出了问题，西枝先生就把原在熊本的寺庙当长老的西片担雪请到圆福寺当住持。

西枝先生和西片担雪长老都是新潟人，据说还是远亲。担雪年少时曾在西枝家当书童，后来考进了立命观大学。因患上了肺结核吐血不止。“这样下去难免一死，倒不如进寺庙去修行。”担雪提出这个想法却遭到周围人的反对：“你身体那么虚弱，而寺庙的修炼又那么严酷，这不等于自杀吗？”但担雪主意已定：“无论如何都要去。”这样他就进入了位于京都花园的妙心寺落发为僧。之后，他的肺结核竟然奇迹般地康复了。于是他继续修行，在熊本当了住持。就是这位担雪长老被西枝先生请到了圆福寺。

后来西枝先生辞世，不久担雪长老决定接受妙心寺总院授予的高僧资格。西枝先生的夫人因此来找我，她说担雪长老要当高僧需要一位在家的监护人，她询问我能否接受此任。

我不知道当监护人要干些什么，当时与担雪长老也不熟悉，但我仍然答道：“因为受过西枝先生的恩惠，所以我愿意担任。”于是当了监护人。因为这个缘分我有机会常与担雪长老见面，后来我自己也对禅宗产生了兴趣。

我的老家是属于净土真宗西本愿寺一派的，因此我从小就亲近念佛佛教，对禅宗一无所知。因为和担雪长老的缘分，我接触了临济宗妙心寺派的人士，也因此被禅宗所吸引，想认认真真学一学，于是想到了出家。我想这里有两个原因，一个是担雪长老的个人魅力，一个是禅宗本身的魅力。

担雪长老的修行十分严格，目前年近八十，始终维持独身，而且实行素食主义。在稻盛财团主办的京都奖的晚餐会上，只为担雪长老一个人准备了素食。

日本的禅宗僧人可以娶妻生子，也有不少人食肉。但担雪长老恪守正宗的禅规，很了不起。与他交往后，我切实地感觉到了他品格的高洁。

我去寺庙拜访，担雪长老总是沉默寡言，他从来不说让人难懂的话。他为我泡好抹茶，这时候，只是我单方面讲述公司里发生的事情，他只管倾听，时而“嗯、嗯”地点头称是。

与担雪长老交往中有几件事令我印象深刻，其中最难忘的是15年前发生的一件事情。

京瓷在没有取得政府认可的情况下就销售用精密陶瓷做的人工膝关节，这件事一时成为新闻媒体集中炮轰的焦点。

当时用精密陶瓷做的股关节已经获得了认可，医生们强烈要求将这项技术应用于膝关节。我本来有许多理由来为京瓷辩护，但我当时采取了宁担污名、不加申辩的态度。

不料媒体不依不饶，连日大肆渲染。人很难彻底克制自己的愤懑，那时我就跑去担雪长老那里，向他倾诉："事情的原委是这样的，如今却倒霉如此。"担雪长老看过报纸，知道有关情况，但他对我说的第一句话却是："这是没办法的事啊！稻盛先生，吃苦倒霉正是你活着的证据呢！"

我本想得到他的安慰，岂料他却认为发生这种事乃是理所当然，我内心不免产生了失落感，此时他却接着说道："遭遇灾难，正好是消除过去所造业障的机会。业障消去该高兴才对。虽然至今为止你积累了哪些业障不得而知，但如果因为这样的小灾小难就能清除业障的话，那么不庆贺一番可不行啊！”

这番话同白隐禅师在《坐禅和赞》中所说的“静心一禅坐，能灭无量罪”如出一辙。这是让我精神重新振作的最高教诲，我有一种心灵获得救赎的感觉。

后来，1997 年 9 月 7 日，我在担雪长老的引导之下，以在家修行的方式，在圆福寺皈依了佛门。

经常有人问我，究竟为什么要出家？其实我早就打算到 60 岁时就要出家，当时，我觉得自己可以活到 80 岁，我想我的人生应该这样来安排：“从出生到 20 岁是为进入社会做准备的时期；从 20 岁到 60 岁的 40 年间是在社会上努力工作的时期；从 60 岁到 80 岁的 20 年是用来为迎接死亡之旅做准备的时期。所以到了 60 岁就要从企业引退，做一些僧人做的事情，同时研究佛教，以便踏入新的旅程。”

就是说，我认为，在80岁迎来肉体的死亡之际，将开启新的心灵旅程——灵魂、意识体的旅程。我必须为此做好准备。

那么，为什么我会认为自己的寿命是80岁呢？因为有一位精通印度传统医学阿育吠陀的瑜伽高僧来日本时，曾为我号脉诊断。当时只把脉了5分钟，他就断言："你小学时患过肺结核吧"、"患病的是右面那个肺"、"是肺浸润"、"现在，半边的头有时会剧痛吧"（当时我正为三叉神经痛这种头痛病所困扰）。他所下的诊断全部准确。正当我惊奇时，他又说："现在都正常了，你很健康。"接着他又轻轻说道："你还可以活好多年呢！"把他所说的年数换算成年龄，就是80岁。他的话留在了我的脑海里，所以我就自以为是，认定自己活到80岁时死去。

但实际情况是，到了60岁，我仍因第二电电（现在的KDDI）的工作而忙得不可开交，无法从经营第一线引退。但到了65岁，我就有了紧迫感："只剩下15年了，不能再等了。"

于是付诸行动。所以我当时的感觉是：“终于出家了。”

原定出家的日子是1997年6月29日，请了两星期假，为修行空出了日程。但在约1个月前的体检中，却发现得了胃癌，这完全出乎意料。医生说，健康检查时的X光拍片中，发现胃部有异样。几天后再去医院，使用胃镜做精密检查，就从电视屏幕上看到了红肿的胃壁有糜烂部位，摄取细胞，培养的结果，证实了是癌症。

历年的体检都安排在年初，就这一年延期到6月初。因为年初时，本应同去体检的妻子得了感冒，不愿去医院，我也就没去，这才拖到6月份做检查，真幸运，时机正好，发现了癌症。

为什么说时机正好呢？因为如果1月份体检，可能还发现不了癌细胞，而再过1年体检，可能为时已晚了。

医生说：“是早期癌，没有大碍。”但手术切开一看，却是“进行性胃癌”，胃壁只剩一层皮了。因为是“进行性胃癌”，所以1月份检查的话，可能还没形成癌症，但如果等到第二年1月再检查时，因为癌细胞扩散很快，可能无法救治了。

当医生告诉我是癌时，我既没有紧张，也没有恐惧，只是淡淡地说了一句：“噢，是癌吗？”白天听完医生的话，我仍按原来预定的日程乘新干线去了冈山，在盛和塾例会上为中小企业的经营者做讲演，在讲演结束后的恳亲会上还喝了一点酒，在回京都的新干线上继续解答塾生们的问题，直到深夜，回到家里，和平时一样安然入睡。

经常有人问我：“知道自己患了癌症，情绪没有波动吗？”“意识到死亡，不觉得恐惧吗？”但是，我确实没有这样的感觉。

按照我的观点，死亡只是意识体的重新启程。我坚信那只是肉体的死亡而不是灵魂的死亡。如果死亡意味着新的旅程的开始，那么即使是身患癌症而离世也不是悲剧。

当然，在少年时代患肺结核时，我不愿

死，有求生的欲望。但到了50岁，对于死亡，我再也没有惶恐不安的情绪了。

为什么呢？是基于信仰之心吗？我觉得并不尽然。所谓信仰，就是相信死后阿弥陀佛会来救我，或者在基督的引领下去往天堂。但是，在这些信仰之前，我已经相信生命不灭，死亡不过是肉体的消亡，我自己的灵魂是永存的。而且我认为这个灵魂需要不断的磨炼。这才是最重要的事。

在出家之后，从担雪长老那里得到了这样的教诲：“僧人修行再深，也难以对现实社会做出贡献。你经过修行之后应回归世俗，为社会再做贡献，这才是佛道。”今后我将遵循佛的教诲，为社会、为世人竭尽自己微薄的力量，同时不断提升自己的心性。这就是我的想法。